Enfermería

en

Medicina Interna

La Guía completa

ALEXANDRE CAREWELL

Índice

« *En medicina interna, cada paciente es un universo en sí mismo, y nuestra misión es navegar por sus galaxias interiores para restablecer el equilibrio y la salud.* »   .

Introducción:

La importancia de la medicina interna.

La medicina interna, a menudo considerada como el arte de la deducción y la esencia misma de la medicina, ocupa una posición central en el cuidado global del paciente. Su especificidad radica en su capacidad para abarcar todas las patologías, ya sean comunes o raras, y para comprender al paciente como un todo, tanto física como psicológicamente.

En primer lugar, echemos un vistazo a sus orígenes. Históricamente, la medicina interna nació del deseo de comprender y tratar las enfermedades en su totalidad, sin limitarse a un órgano o una especialidad. Es una disciplina que se nutre de la complejidad, que prospera con los casos enigmáticos y que se deleita descifrando los misterios del cuerpo humano. Es un reflejo de la curiosidad inagotable de los médicos, de su determinación por buscar siempre, por comprender y, sobre todo, por tratar.

La medicina interna es el eje en torno al cual giran muchas otras especialidades. Favorece un enfoque holístico, en el que cada síntoma, cada signo, es una pieza de un complejo rompecabezas. A menudo se considera al internista como un detective médico, que reúne pistas, formula hipótesis y recurre a una gran cantidad de conocimientos para realizar un diagnóstico preciso. El objetivo no es simplemente tratar una enfermedad, sino comprender al paciente como un todo, percibir las interrelaciones entre los distintos sistemas del organismo y detectar desequilibrios sutiles.

Pero más allá de esta búsqueda del diagnóstico, la medicina interna también encarna una filosofía profundamente humanista. Nos recuerda la importancia de la relación médico-paciente, basada en la confianza, la escucha y el respeto. En un mundo médico cada vez más tecnológico y especializado, el internista sigue siendo el guardián del vínculo indefectible entre ciencia y humanidad.

La importancia de la medicina interna también se aprecia en su capacidad para evolucionar y adaptarse a los nuevos retos de nuestro tiempo. Frente a las enfermedades y patologías emergentes, cada vez más complejas como consecuencia de los avances médicos y el aumento de la esperanza de vida, los internistas están en primera línea, dispuestos a descifrar, aprender e innovar.

La medicina interna no es una especialidad médica más; es un estado de ánimo, una vocación y, para muchos, una pasión. Nos recuerda que detrás de cada enfermedad hay un individuo, con sus miedos, sus esperanzas y su singularidad. Y es en este profundo reconocimiento del individuo donde reside el verdadero arte de la medicina.

El papel cambiante de la enfermera en este departamento.

El papel de la enfermera en medicina interna, al igual que en otros ámbitos de la asistencia sanitaria, ha experimentado grandes cambios a lo largo de los años. Esta evolución se ha visto impulsada no sólo por los avances tecnológicos y médicos, sino también por los cambios sociales, éticos y legislativos.

En el pasado, las enfermeras eran vistas principalmente como personas que realizaban tareas, como ayudantes del médico. Su papel se limitaba a tareas específicas: administrar cuidados básicos, garantizar la limpieza y el confort del paciente y seguir escrupulosamente las prescripciones médicas. Era una época en la que la jerarquía médica era rígida y las enfermeras tenían poco margen de maniobra.

Con el tiempo, la profesión enfermera ha ganado en reconocimiento y autonomía. Esta evolución se ha visto impulsada por una serie de factores. En primer lugar, la formación de las enfermeras se ha hecho más densa, incorporando conocimientos más profundos de anatomía, fisiología y farmacología, así como de ciencias humanas. Esto ha proporcionado a las enfermeras las herramientas necesarias para adoptar un enfoque más clínico y analítico de su práctica.

En el campo de la medicina interna, la complejidad de los casos, la heterogeneidad de las patologías y la necesidad de una atención integral han llevado a las enfermeras a ampliar su campo de actuación. Las enfermeras se han convertido en miembros fundamentales del equipo médico, colaborando estrechamente con médicos, farmacéuticos, trabajadores sociales y otros profesionales sanitarios.

La enfermera de medicina interna moderna tiene una gran capacidad de evaluación, capaz de identificar rápidamente los cambios en el estado clínico del paciente, tomar la iniciativa y adaptar los cuidados en consecuencia. Su papel ya no se limita a la mera realización de tareas, sino que abarca la planificación, la educación del paciente, la prevención e incluso la investigación.
La relación enfermera-paciente también ha evolucionado. Las enfermeras participan ahora más en el proceso de toma de decisiones, acompañando a los pacientes y a sus familias, informándoles sobre la enfermedad y los tratamientos y ayudándoles a tomar decisiones con conocimiento de causa.

Por último, los avances tecnológicos, el auge de la telemedicina y el énfasis en la atención domiciliaria también han influido en el papel de la enfermera de medicina interna. Estos cambios han abierto nuevos horizontes y han creado nuevas oportunidades, pero también retos en términos de adaptabilidad y formación continua.

La enfermera de medicina interna de hoy en día es clínica, educadora, investigadora y defensora de los derechos de los pacientes. Una evolución notable que refleja el dinamismo y la riqueza de esta profesión, esencial para nuestro sistema sanitario.

Capítulo 1

COMPRENDER LA MEDICINA INTERNA

¿Qué es la medicina interna?

La medicina interna es una especialidad médica dedicada a la prevención, el diagnóstico, la gestión y el tratamiento de las enfermedades del adulto. Se distingue por su enfoque global e integral del paciente, centrándose no en un órgano o tipo de patología en particular, sino en el individuo en su conjunto.

He aquí algunos puntos clave sobre la medicina interna:

Enfoque holístico: Los internistas, especializados en medicina interna, se interesan por la totalidad del cuerpo humano. Están capacitados para tratar a pacientes con una serie de afecciones concomitantes e intentan comprender cómo estas afecciones pueden interactuar entre sí.

Gama de enfermedades: Los internistas tratan una amplia gama de enfermedades, desde las más comunes hasta las más raras. Esto incluye, entre otras, las enfermedades cardiacas, respiratorias, digestivas, renales, endocrinas y hematológicas.

Prevención y educación: La medicina interna no se limita a tratar enfermedades, también se centra en la prevención. Los internistas desempeñan un papel crucial en la detección de enfermedades, la vacunación, la promoción de un estilo de vida saludable y la educación de los pacientes sobre su estado de salud.

Papel de coordinador: En patologías complejas que requieran la intervención de varios especialistas, el internista puede actuar como coordinador, asegurándose de que el paciente recibe una atención coherente e integral.

Formación rigurosa: Para convertirse en internista, un médico debe someterse a una rigurosa formación de posgrado, a menudo seguida de una subespecialización en campos como la cardiología, la gastroenterología, la reumatología, etc.

Diagnóstico complejo: Gracias a su formación y enfoque global, a menudo se recurre a los internistas para que ayuden a diagnosticar casos complejos o enigmáticos.

Atención continuada: Los internistas pueden proporcionar atención a lo largo de toda la vida de un adulto, desde la adolescencia hasta la vejez, lo que permite un conocimiento profundo y duradero del historial médico del paciente.

La medicina interna es una especialidad amplia y variada, centrada en el individuo, que abarca toda la gama de dolencias del adulto y hace hincapié en un enfoque global e integrador. A menudo se describe a los internistas como "los médicos de los médicos" por su pericia en el diagnóstico y tratamiento de enfermedades complejas.

Historia y desarrollo.

La historia de la medicina interna es rica y fascinante, ya que refleja los avances de la propia medicina, la evolución social y los retos a los que se ha enfrentado la profesión médica a lo largo de los siglos. Echemos un vistazo a la historia de esta especialidad.

Orígenes:

Antigüedad: Desde la antigüedad, médicos como Hipócrates en Grecia adoptaron un enfoque holístico del paciente, tratando de comprender la enfermedad en el contexto del individuo y su entorno. Ésta fue la génesis de lo que podríamos considerar medicina interna.

Edad Media: Durante este periodo, la medicina se enseñaba principalmente en instituciones religiosas.

Los conocimientos médicos se basaban en textos antiguos y el enfoque clínico estaba dominado en gran medida por las teorías humorales.

El surgimiento de la Medicina Interna Moderna:

Renacimiento: En este periodo se renovó el interés por la ciencia y la anatomía humana. Se desarrolló el arte de la auscultación y la palpación, sentando las bases del examen clínico.

Siglo XIX: El desarrollo de los métodos científicos y la llegada de la microbiología revolucionaron nuestra comprensión de las enfermedades. La medicina interna, tal y como la conocemos, empezó a tomar forma. Los hospitales se convirtieron en centros de educación e investigación.

Siglo XX: Con el descubrimiento de los antibióticos, la medicina interna vio ampliada considerablemente su capacidad de tratamiento. Los avances tecnológicos, como la imagen médica, mejoraron el diagnóstico. La especialidad se subdividió en numerosas subespecialidades (cardiología, nefrología, endocrinología, etc.), reflejo de la creciente complejidad de la medicina.

Retos contemporáneos:

Siglo XXI: El comienzo de este siglo ha estado marcado por la explosión de los conocimientos en genética y biología molecular, que ofrecen perspectivas terapéuticas específicas. La medicina interna también debe responder a nuevos retos como el envejecimiento de la población, las enfermedades crónicas, la resistencia a los antibióticos y la creciente importancia de la prevención.

Medicina personalizada: Con los avances en genómica, la medicina interna está a la vanguardia de los esfuerzos por ofrecer una atención personalizada, adaptada a las particularidades genéticas y biológicas de cada individuo.

La historia de la medicina interna es la de una búsqueda interminable para comprender y tratar la enfermedad en su contexto más amplio. Es testigo de la evolución de nuestra concepción de la salud y la enfermedad, y sigue reinventándose ante los retos contemporáneos. Es una especialidad que, al tiempo que adopta los avances tecnológicos y científicos, sigue firmemente arraigada en el arte de la medicina: escuchar, comprender y cuidar al individuo en toda su complejidad.

Las principales enfermedades y afecciones tratadas.

La medicina interna abarca un amplio espectro de enfermedades y afecciones. Dado su enfoque global y holístico, el internista se enfrenta a menudo a casos complejos en los que intervienen varios sistemas orgánicos. He aquí un resumen de las principales enfermedades y afecciones tratadas con frecuencia por los internistas:

Cardiovascular:
  Hipertensión
    Insuficiencia cardíaca
    Enfermedad coronaria
    Arritmias
    Enfermedades vasculares periféricas
Pulmón:
    Asma
    Bronquitis crónica y enfisema
    Neumonía
    Tuberculosis
    Fibrosis pulmonar idiopática

25

Gastrointestinal:
- Enfermedad de úlcera péptica
- Enfermedades inflamatorias intestinales (enfermedad de Crohn, colitis ulcerosa)
- Hepatitis
- Cirrosis
- Enfermedades del páncreas

Renal:
- Insuficiencia renal crónica
- Glomerulonefritis
- Nefropatía diabética
- Litiasis renal

Endocrino:
- Diabetes tipo 1 y tipo 2
- Hipertiroidismo e hipotiroidismo
- Enfermedades de las glándulas suprarrenales
- Osteoporosis

Hematológico:
- Anemias de diversos orígenes (ferropénica, megaloblástica, hemolítica)
- Trombosis y embolias
- Leucemia y linfoma

Enfermedades infecciosas:
- Infecciones respiratorias (neumonía, bronquitis)
- Infecciones urinarias
- Endocarditis
- Sepsis y shock séptico
- VIH/SIDA

Reumatología:
- Artritis reumatoide
- Lupus eritematoso sistémico
- Espondilitis anquilosante
- Gotas y pseudogotas

Enfermedades autoinmunes y sistémicas:
- Síndrome de Sjögren
- Esclerodermia
- Vasculitis

Electrolíticos y trastornos metabólicos:
    Desequilibrios de sodio, potasio y calcio
    Acidosis y alcalosis

Es importante señalar que la medicina interna no se limita a estas enfermedades. Los internistas están formados para tratar una amplia gama de afecciones y a menudo se les pide que realicen diagnósticos complejos o enigmáticos. Es más, a medida que evoluciona la medicina, surgen regularmente nuevas patologías o nuevas variantes de enfermedades ya existentes, lo que exige una actualización constante de los conocimientos.

Los actores de la medicina interna : El papel del internista

El internista, o simplemente internista, desempeña un papel crucial en la medicina moderna. Reconocidos por su capacidad para tratar enfermedades complejas y realizar diagnósticos en casos enigmáticos, los internistas se distinguen por su enfoque holístico de la atención al paciente. He aquí un resumen detallado de sus principales tareas:

Experto en diagnóstico:
    A menudo se considera a los internistas como "detectives médicos". Se les pide que diagnostiquen afecciones complejas, atípicas o poco frecuentes.
    Utiliza una combinación de entrevistas, exámenes clínicos e investigaciones paraclínicas para establecer un diagnóstico preciso.
Gestión de enfermedades crónicas:
    Los internistas suelen tratar a pacientes con enfermedades crónicas como diabetes,

hipertensión y enfermedades cardiovasculares, entre otras.

Se encarga de ajustar los tratamientos, educar a los pacientes y prevenir las complicaciones.

Coordinación de cuidados:

En los casos en que varios especialistas intervienen en el tratamiento, el internista suele actuar como coordinador, garantizando la continuidad y la coherencia de la atención.

Enfoque holístico:

El internista ve más allá de los síntomas y las enfermedades al paciente en su conjunto, incluyendo su historial, estilo de vida, preocupaciones y necesidades psicosociales.

Prevención y educación:

Los internistas desempeñan un papel activo en la prevención de enfermedades, sobre todo a través de las vacunaciones, los cribados y los consejos sobre el estilo de vida.

También educa a los pacientes sobre su estado, ayudándoles a comprender su enfermedad y su tratamiento.

Investigación y evolución:

Muchos internistas participan en la investigación clínica, tratando de mejorar los métodos de diagnóstico, las estrategias terapéuticas y la comprensión de las enfermedades.

También participan en la formación de futuros médicos, compartiendo sus conocimientos y experiencia.

Consulta hospitalaria:

En un entorno hospitalario, se puede pedir a los internistas que den su opinión sobre pacientes ingresados por otras especialidades, sobre todo cuando el diagnóstico es incierto o el tratamiento complejo.

El internista es un pilar central de la medicina moderna, que combina amplios conocimientos médicos con un enfoque centrado en el paciente. Su capacidad para ver el "panorama general" al tiempo que se centra en los detalles les convierte en una pieza clave, ya sea en clínicas, hospitales o universidades.

La importancia crucial de la enfermera.

Las enfermeras ocupan una posición fundamental en la asistencia sanitaria. Como eje del sistema, no sólo llevan a cabo los tratamientos médicos, sino que también desempeñan un papel central en el bienestar físico, emocional y social de los pacientes. Echemos un vistazo a la importancia crucial de las enfermeras en el panorama médico.

Atención directa al paciente :
Las enfermeras proporcionan cuidados directos, ya sea administrando medicación, controlando las constantes vitales, llevando a cabo el cuidado de heridas o cubriendo las necesidades básicas de los pacientes.
Defensa del paciente:
Actúan como defensores de los pacientes, asegurándose de que se respeten sus derechos, se escuchen sus preocupaciones y reciban la mejor atención posible.
Enlace entre los pacientes y el equipo médico :
Las enfermeras actúan como puente entre el paciente y el resto del equipo médico, garantizando una comunicación fluida y una atención coordinada.

Educación y prevención :
  Educan a los pacientes y a sus familias sobre su estado de salud, la medicación, los cuidados posthospitalarios, la prevención de enfermedades y la promoción de la salud.

Apoyo emocional :
  El aspecto humano de los cuidados de enfermería tiene un valor incalculable. Las enfermeras ofrecen apoyo emocional a los pacientes y a sus familias, sobre todo en momentos críticos o vulnerables.

Papel de liderazgo :
  Muchas enfermeras ocupan puestos de liderazgo, supervisan a otro personal médico, dirigen unidades o departamentos o contribuyen a la toma de decisiones a nivel institucional.

Investigación clínica :
  Las enfermeras también participan en la investigación, tratando de mejorar las prácticas asistenciales, desarrollar nuevas metodologías o evaluar la eficacia de las intervenciones.

Visión global de los cuidados :
  A diferencia de otros profesionales sanitarios que pueden centrarse en un aspecto concreto del tratamiento, las enfermeras tienen una visión holística del paciente, lo que les permite anticiparse a las necesidades, detectar posibles complicaciones y garantizar la continuidad de los cuidados.

Adaptabilidad :
  El mundo de la sanidad cambia constantemente y las enfermeras suelen estar en la vanguardia, adaptándose a las nuevas tecnologías, metodologías y retos emergentes.

Ética e integridad profesional :
La profesión enfermera se rige por un estricto código ético que garantiza que los cuidados se prestan con compasión, respeto a la dignidad e integridad.

No se puede subestimar la importancia de las enfermeras. Son el corazón palpitante de muchos centros asistenciales, ofreciendo una mezcla única de habilidades clínicas, empatía y dedicación. Su papel se extiende mucho más allá del entorno médico, tocando, influyendo y mejorando la vida de millones de personas cada día.

Capítulo 2

UN DÍA TÍPICO EN LA VIDA DE UNA ENFERMERA EN MEDICINA INTERNA

Empiece el día:

Empezar el día suele considerarse un momento decisivo que puede influir en el curso de las horas siguientes. Un buen comienzo del día puede aportar energía, concentración y positividad, mientras que una mañana caótica puede tener el efecto contrario. He aquí un vistazo a la importancia de empezar bien el día y algunos consejos para crear rituales matutinos beneficiosos.

El alba arroja los primeros rayos de luz a través de las cortinas, acariciando suavemente el rostro del durmiente. El mundo exterior se despierta poco a poco, con el canto de los pájaros, el zumbido de los coches en la distancia y el murmullo de los primeros pasos de los vecinos. Son estos primeros momentos, cuando el mundo pasa de la oscuridad a la luz, los que tienen el potencial de marcar el tono de todo el día.

La importancia de la primera hora :

- **Tono del día**: La forma en que empezamos la mañana puede definir a menudo nuestro estado de ánimo, nivel de energía y mentalidad para el resto del día.
- **Momento de calma**: Antes de que el día se vuelva demasiado caótico, la mañana suele ofrecer un momento de tranquilidad en el que puede volver a centrarse, meditar o simplemente disfrutar de la soledad.
- **Oportunidad para fijar intenciones**: Las primeras horas son el momento perfecto para fijar objetivos e intenciones para el día, que pueden actuar como brújula para guiar nuestras acciones y decisiones.

Consejos para empezar bien el día:

- **Evite la tecnología**: En lugar de saltar inmediatamente al teléfono o al ordenador, tómese unos minutos para estirarse, respirar profundamente o simplemente estar presente.

Ritual matutino: Establezca una rutina matutina, ya sea meditar, escribir, hacer ejercicio o incluso un ritual de cuidado de la piel. Estos hábitos pueden ayudarle a empezar el día con buen pie.

Alimentación sana: Un desayuno nutritivo y equilibrado puede proporcionarle la energía que necesita para empezar el día con vitalidad.

Planificación: Dedique unos minutos a revisar sus tareas del día. Esto le ayudará a clarificar sus prioridades y le dará una sensación de organización al comenzar el día.

Positividad: Cultive una actitud positiva a primera hora de la mañana. Ya sea con gratitud, leyendo una cita inspiradora o escuchando una canción alegre, encuentre lo que le hace vibrar.

Comenzar el día no es simplemente una transición del sueño a la vigilia. Es una oportunidad, un lienzo en blanco en el que pintar nuestras esperanzas, sueños e intenciones. Con un poco de conciencia y esfuerzo, cada mañana puede convertirse en un preludio armonioso de un día memorable.

Transmisión : garantizar la continuidad de los cuidados.

La comunicación, a menudo denominada "traspaso" en el contexto médico, es crucial para garantizar la continuidad y la calidad de la atención. Son momentos en los que los profesionales sanitarios comparten información, conocimientos y experiencia para garantizar una atención óptima al paciente. Veamos por qué la comunicación es tan esencial y cómo influye directamente en la calidad de la atención.

La naturaleza de las transmisiones :
La información es el núcleo de la comunicación. Puede ir desde una simple mención de la temperatura de un paciente hasta un resumen completo de su estado clínico, historial, cuidados prestados y recomendaciones para las próximas horas o días.

¿Por qué son cruciales? :

- **Continuidad de los cuidados**: la transmisión garantiza que el siguiente profesional que tome el relevo disponga de toda la información necesaria para continuar los cuidados sin interrupciones ni omisiones.
- **Seguridad del paciente**: omitir información crucial puede provocar errores médicos. Una transmisión precisa y completa ayuda a reducir los riesgos.
- **Gestión eficaz del tiempo**: Al tener una visión clara del estado del paciente desde el inicio de su turno, los profesionales sanitarios pueden priorizar sus intervenciones y gestionar su tiempo de forma eficaz.
- **Creación de equipo**: La transmisión fomenta la cohesión del equipo. Son un momento de intercambio y colaboración que refuerza el sentimiento de pertenencia y la dinámica de equipo.

Principios de una transmisión eficaz :

- **Claridad**: La información debe presentarse de forma concisa y clara para evitar cualquier ambigüedad.
- **Exhaustividad**: Deben cubrirse todos los aspectos relevantes del tratamiento del paciente, desde los fármacos administrados hasta las observaciones del comportamiento.
- **Estructura**: Una transmisión estructurada, a menudo siguiendo un formato o una lista de comprobación, garantiza que no se omita ningún elemento importante.
- **Interactividad**: No se trata sólo de hablar, sino también de escuchar. Los profesionales que reciben

la transmisión deben tener la oportunidad de hacer preguntas o pedir aclaraciones.

Documentación: Además de la transmisión oral, disponer de documentación escrita, como notas o informes, puede servir de referencia y garantizar la trazabilidad.

Confidencialidad: La información que se comparte durante las comunicaciones suele ser delicada. Es crucial garantizar la confidencialidad de estos intercambios.

La comunicación es mucho más que una simple rutina o un procedimiento formal. Son el pegamento que une las acciones de múltiples profesionales en torno al bienestar de un paciente. Asegurar su calidad y eficacia es esencial para garantizar la seguridad y la continuidad de los cuidados. En un mundo médico cada vez más complejo, la capacidad de comunicarse con eficacia y precisión se ha convertido en una habilidad de valor incalculable.

Revisión de historias clínicas: preparación y anticipación.

La revisión de los historiales médicos es un paso esencial en el cuidado de un paciente. Proporciona una imagen completa del historial médico del paciente, de sus tratamientos actuales y de sus necesidades futuras. Este proceso requiere rigor, preparación y anticipación. Adentrémonos en el mundo de esta tarea tan crucial para la atención médica.

¿Por qué es importante preparar bien la revisión de la historia clínica?

Historial médico: Comprender el historial médico de un paciente es crucial para la futura toma de decisiones. Todo, desde las alergias y las cirugías anteriores hasta los tratamientos actuales, puede influir en el plan de cuidados.

Garantizar la seguridad del paciente: Una revisión inadecuada o incompleta puede dar lugar a errores médicos. Una preparación cuidadosa reduce los riesgos asociados a la falta de información o a su interpretación errónea.

Optimización del tiempo: con las limitaciones de tiempo a las que a menudo se enfrentan los profesionales sanitarios, una revisión bien preparada permite tomar decisiones de forma rápida y eficaz.

Preparación de la revisión :

Recopilación de información: Asegúrese de que dispone de todos los documentos pertinentes: historiales hospitalarios, resultados de pruebas, notas de consultas anteriores, etc.

Archivo cronológico: Organice los documentos cronológicamente, del más antiguo al más reciente, para facilitar la comprensión de la evolución del paciente.

Resaltar la información clave: Subraye o anote los puntos clave que debe recordar de cada documento.

Prepare sus herramientas: Tenga a mano herramientas como bolígrafos, notas post-it o rotuladores fluorescentes para anotar y marcar los puntos de interés.

Anticiparse a las necesidades y a las preguntas :

Lista de preguntas: Antes de la revisión, prepare una lista de preguntas o puntos de aclaración basados en la información que haya recopilado.

Consulte los protocolos médicos: Para afecciones o tratamientos específicos, familiarícese con los últimos protocolos o recomendaciones médicas para anticiparse a las necesidades del paciente.

Colaboración interdisciplinar: Anticipe los especialistas u otros profesionales sanitarios que pueden ser necesarios para proporcionar una atención integral.

Después de la revisión :

Resumen: Escriba un breve resumen de la información clave para facilitar la gestión futura y la comunicación con otros profesionales.

Actualización del expediente: Si se ha descubierto nueva información o se han introducido cambios en el plan de cuidados, asegúrese de actualizar el expediente médico del paciente en consecuencia.

Comunicación: Comparta la información relevante con el equipo médico y otros profesionales implicados.

La revisión de las historias clínicas es una delicada danza entre el pasado médico, el presente clínico y la anticipación del futuro. Esta tarea, aunque a menudo se percibe como administrativa, está en el corazón de la atención médica. Al abordar esta responsabilidad con rigor, preparación y anticipación, los profesionales sanitarios pueden asegurarse de ofrecer a sus pacientes una atención óptima.

Administración de tratamientos: Medicamentos orales e intravenosos, y subcutánea.

Los medicamentos son una parte esencial del tratamiento médico. Pueden administrarse por diversas vías, en función de su formulación, objetivo terapéutico y situación clínica del paciente. Entre estas vías de administración, las más habituales son la oral, la intravenosa y la subcutánea. Veamos las particularidades de cada una de estas vías y sus implicaciones para los cuidadores.

1. Medicamentos orales :

Descripción: Son medicamentos que se administran por vía oral y pasan después al aparato digestivo. Pueden adoptar la forma de comprimidos, cápsulas, jarabes o suspensiones.

Ventajas: fácil de administrar, adecuado para tratamientos a largo plazo, generalmente de bajo coste.

Desventajas: Paso por el hígado (efecto de primer paso), posibles interacciones con los alimentos, necesidad de un buen cumplimiento por parte del paciente.

Precauciones: Asegúrese de que el paciente es capaz de tragar, tenga en cuenta las contraindicaciones y las interacciones con otros medicamentos.

2. Medicamentos intravenosos (IV) :

Descripción: administración directa en una vena, normalmente a través de un catéter. Puede tratarse de un bolo (inyección rápida) o de una infusión (durante un periodo más largo).

Ventajas: rápido inicio de acción, dosificación precisa, posibilidad de administrar grandes volúmenes o fármacos irritantes.

Desventajas: Riesgo de infección, requiere una técnica estéril, posibles complicaciones asociadas a la vía venosa (trombosis, flebitis).

Precauciones: formación adecuada para la inserción y el manejo de vías venosas, vigilancia regular del lugar de inserción, cumplimiento de los protocolos de asepsia.

3. Fármacos subcutáneos :

Descripción: Inyección en el tejido subcutáneo, justo debajo de la piel. Se utiliza habitualmente para la insulina o los anticoagulantes, por ejemplo.

Ventajas: Administración relativamente sencilla, absorción predecible, adecuado para uso doméstico con autoinyección.

Desventajas: Volumen de administración limitado, posibles reacciones locales (enrojecimiento, dolor).

Precauciones: Rotación de los puntos de inyección para evitar la lipoatrofia o la lipohipertrofia, técnica de administración adecuada para minimizar el riesgo de reacciones locales.

Implicaciones para los cuidadores:

Formación y competencia: Los cuidadores deben estar formados y ser competentes en la administración de fármacos por diferentes vías, comprendiendo las ventajas, desventajas y precauciones que conlleva.

Educación del paciente: En algunos casos, sobre todo para la autoinyección subcutánea, los cuidadores tienen la función de educar y formar al paciente o a sus cuidadores en la técnica de administración.

Seguimiento: Tras la administración, a menudo es necesario un seguimiento para detectar y gestionar cualquier efecto secundario o complicación.

Cada vía de administración tiene sus propias especificidades. Los cuidadores, ya sean enfermeros, farmacéuticos o médicos, deben dominar estos aspectos para garantizar una terapia eficaz y segura. La comprensión de las características farmacocinéticas y farmacodinámicas, así como la formación continua, son esenciales para optimizar los beneficios terapéuticos y minimizar los riesgos para los pacientes.

Los retos de las enfermedades múltiples.

Tratar a un paciente que padece varias patologías - o comorbilidades - es uno de los mayores retos a los que se enfrentan los profesionales sanitarios, especialmente en los departamentos de medicina interna. Las afecciones múltiples pueden provocar complicaciones en la gestión de los cuidados, aumentar el riesgo de hospitalización e influir negativamente en la calidad de vida del paciente. Echemos un vistazo a los retos asociados y a las estrategias para afrontarlos.

1. Interacciones medicamentosas :

Los pacientes que padecen múltiples enfermedades suelen someterse a varios tratamientos al mismo tiempo. Esto aumenta el riesgo de interacciones farmacológicas, que pueden reducir la eficacia de los medicamentos o provocar reacciones adversas.

2. Polifarmacia :

La polifarmacia, o la toma de un gran número de medicamentos, puede dificultar el cumplimiento del tratamiento por parte de los pacientes y aumentar el riesgo de errores de medicación.

3. Sinergia de síntomas :

Los síntomas de distintas enfermedades pueden reforzarse mutuamente. Por ejemplo, la depresión puede intensificar la percepción del dolor en un paciente que sufre artritis.

4. Complejidad del diagnóstico :

Los síntomas de las distintas enfermedades pueden solaparse, lo que complica el diagnóstico.

5. Coordinación de los cuidados :

Un paciente que sufre múltiples patologías puede necesitar consultar a varios especialistas diferentes. Garantizar una coordinación eficaz y una comunicación transparente entre estos profesionales es esencial, pero a veces complejo.

6. Impacto en la calidad de vida :

Múltiples patologías pueden limitar la actividad física, afectar a la salud mental y reducir la independencia, afectando profundamente a la calidad de vida del paciente.

Estrategias para superar estos retos :

Enfoque centrado en el paciente :

Comprender las necesidades, preocupaciones y prioridades del paciente es esencial para desarrollar un plan de cuidados individualizado.

Revisión periódica de medicamentos:

Es crucial revisar periódicamente la lista de medicamentos del paciente para reducir la polifarmacia y minimizar el riesgo de interacciones farmacológicas.

Comunicación interprofesional :

Promover una comunicación abierta entre todos los profesionales implicados en la atención de un paciente conduce a una mejor coordinación y a una atención más completa.

Educación y apoyo :

Informar a los pacientes y a sus familias sobre sus enfermedades, tratamientos y tratamiento de los síntomas ayuda a mejorar el cumplimiento terapéutico y la calidad de vida del paciente.

Uso de la tecnología :

Las herramientas digitales, como los historiales médicos electrónicos, pueden facilitar la coordinación de la atención y el seguimiento de los pacientes.

Seguimiento cercano :

Las visitas regulares permiten una evaluación continua del estado del paciente, el ajuste de los tratamientos y la detección precoz de complicaciones.

Atender a pacientes con múltiples afecciones requiere un enfoque holístico y centrado en el paciente que tenga en cuenta la complejidad de su situación. Prestando especial atención a la coordinación, la comunicación y la educación, es posible ofrecer una atención de calidad a estos pacientes, mejorando así su salud y bienestar.

Seguimiento del paciente : Observaciones clínicas.

La observación clínica es un pilar fundamental de la práctica médica. Es el primer paso en el enfoque diagnóstico y terapéutico y proporciona una valiosa perspectiva del estado del paciente. En un departamento de medicina interna, donde los pacientes pueden presentar una variedad de síntomas complejos y comorbilidades, la observación clínica es especialmente esencial. Veamos este concepto más de cerca.

1. ¿Qué es la observación clínica?
La observación clínica es un proceso sistemático mediante el cual el cuidador recopila información sobre el paciente a través de la observación directa. Puede incluir el examen físico, pero también la observación del comportamiento, las interacciones, la marcha y otros elementos.
2. Los componentes de la observación clínica :
   Examen general: Evaluación del estado general del paciente, nivel de consciencia, color de la piel, morfología, etc.
   Exploración física: Examen sistemático de diversas partes del cuerpo (auscultación, palpación, percusión).
   Observación del comportamiento: Estudio de las expresiones faciales, la marcha, los movimientos y el comportamiento en general.
   Observación de las constantes vitales: medición de la tensión arterial, la frecuencia cardiaca, la frecuencia respiratoria, la temperatura, etc.

3. La importancia de la observación clínica en medicina interna :

Hacer un diagnóstico inicial: Muchos signos clínicos pueden apuntar a una enfermedad específica o a una afección subyacente.

Seguimiento de la evolución de una enfermedad: Las observaciones repetidas pueden utilizarse para evaluar la progresión de una enfermedad o la eficacia de un tratamiento.

Detección de anomalías: Algunos signos clínicos sutiles pueden ser indicadores precoces de complicaciones o nuevas patologías.

4. Desafíos asociados a la observación clínica :

Interpretación subjetiva: Dos clínicos pueden interpretar una observación de forma diferente, sobre todo si es sutil.

Variabilidad de los síntomas: En medicina interna, la multiplicidad de enfermedades y su variada presentación pueden hacer más compleja la observación clínica.

5. Optimización de la observación clínica :

Formación continua: Los cuidadores deben actualizar periódicamente sus conocimientos y habilidades en el examen clínico.

Utilización de herramientas normalizadas: Determinadas herramientas o escalas pueden ayudar a objetivar ciertas observaciones.

Trabajo en equipo: Discutir regularmente las observaciones con otros miembros del equipo puede ayudar a obtener una visión más completa y objetiva.

La observación clínica es una habilidad esencial en medicina interna, que requiere una atención especial, una formación continua y un enfoque colaborativo. No sólo permite establecer un diagnóstico, sino también seguir la evolución de la enfermedad, ajustar los tratamientos y prevenir las complicaciones.

Comunicación con el paciente y su familia.

La comunicación con los pacientes y sus familias es una de las habilidades más cruciales para un profesional sanitario de medicina interna. Influye no sólo en la comprensión por parte del paciente de su enfermedad y tratamiento, sino también en su satisfacción, el cumplimiento terapéutico y, en última instancia, en los resultados de su salud. En los departamentos de medicina interna, donde los diagnósticos pueden ser complejos y los tratamientos multifactoriales, esta comunicación es aún más esencial.

1. La importancia de una comunicación eficaz :
   La confianza y la relación terapéutica: Una buena comunicación genera confianza entre el paciente, la familia y el cuidador, lo que es esencial para el éxito de la relación terapéutica.

   Toma de decisiones informada: los pacientes necesitan comprender su enfermedad, sus opciones de tratamiento y los beneficios y riesgos asociados para poder tomar decisiones con conocimiento de causa.

   Reducir la ansiedad: La enfermedad puede ser una fuente de ansiedad. Una comunicación clara y empática puede ayudar a reducir esta ansiedad.

2. Técnicas de comunicación eficaces :
   Escucha activa: consiste en prestar toda su atención a lo que dice el paciente o su familia, reflexionando, aclarando y reformulando cuando sea necesario.

   Lenguaje sencillo y claro: evite la jerga médica y asegúrese de que la información se presenta de forma comprensible.

   Comunicación no verbal: tenga en cuenta el lenguaje corporal, el contacto visual y el tono de voz.

Preguntas abiertas: Anime a los pacientes a expresarse haciendo preguntas abiertas.

Validación de la comprensión: Comprobación periódica de que el paciente o su familia han comprendido la información facilitada.

3. Abordar temas delicados :

Puede haber ocasiones en las que sea necesario comunicar noticias difíciles, como un diagnóstico grave o una evolución desfavorable de la enfermedad.

Preparación: Anticipe las reacciones emocionales y planifique un lugar tranquilo y privado para la discusión.

Empatía: Reconocer y validar las emociones de los pacientes y sus familias.

Honestidad: Es esencial ser a la vez transparente y sensible.

4. Implicar a la familia :

La familia suele desempeñar un papel clave en el cuidado y apoyo del paciente.

Reconocimiento: Reconocer el papel de la familia y validarla como socia en los cuidados.

Confidencialidad: Garantizar la confidencialidad al tiempo que se comparte la información pertinente con la familia.

Apoyo: Proporcionar recursos u orientación si la familia necesita ayuda para gestionar el estrés o la ansiedad asociados a la enfermedad.

5. Gestión de situaciones difíciles :

Puede haber momentos en los que el paciente o su familia estén enfadados, frustrados o en desacuerdo con el equipo médico.

Mantenga la calma: no reaccione emocionalmente, pero escuche activamente sus preocupaciones.

Aclarar: A menudo, la insatisfacción proviene de un malentendido. Aclarar la información puede resolver muchos problemas.

Buscar un compromiso: Si es posible, trabajen juntos para encontrar una solución aceptable para todas las partes.

La comunicación eficaz está en el corazón de la medicina interna y es esencial que los profesionales sanitarios desarrollen y perfeccionen constantemente sus habilidades comunicativas. Una comunicación satisfactoria puede mejorar no sólo la atención al paciente, sino también su satisfacción y la de su familia, lo que se traduce en mejores resultados generales.

Capítulo 3

HABILIDADES CLÍNICAS ESENCIALES

Evaluación clínica :
La importancia de la historia.

La anamnesis, que se refiere a toda la información recopilada por el profesional sanitario al interrogar al paciente, desempeña un papel central en la práctica médica, especialmente en medicina interna. Representa la primera etapa en el proceso de diagnóstico, guiando los pasos posteriores como el examen físico, las investigaciones y las decisiones terapéuticas.

1. La anamnesis como base del diagnóstico :

Síntomas: Los principales síntomas que llevaron al paciente a buscar ayuda, cómo empezaron, cómo se desarrollaron, sus características, su intensidad y qué los agrava o alivia.

Historial médico: Enfermedades previas, procedimientos quirúrgicos, alergias, tratamientos actuales o recientes.

Historial familiar: El historial médico de los miembros de la familia puede proporcionar pistas sobre enfermedades hereditarias o predisposiciones genéticas.

2. Más que una simple lista de síntomas:

Contexto de aparición: Comprender el contexto en el que aparecen los síntomas puede ayudar a determinar su causa.

Influencia en la vida diaria: Los efectos de los síntomas en la capacidad del paciente para llevar a cabo sus actividades cotidianas.

Sentimientos y emociones: La ansiedad, el estrés, la depresión y otros estados emocionales pueden influir en las afecciones médicas o verse influidos por ellas.

3. El arte de hacer las preguntas adecuadas :

Técnica de apertura: Comience con preguntas abiertas, como "¿Qué puedo hacer por usted hoy?" o "Hábleme de sus síntomas".

Evite sugerir respuestas: formule las preguntas de forma neutra para obtener una respuesta genuina del paciente.

Preguntas específicas: Si es necesario, formule preguntas más específicas para aclarar ciertos puntos.

4. La importancia de la escucha activa: Escuchar es tan importante como preguntar. La escucha activa implica concentrarse plenamente, comprender, responder y recordar lo que dice el paciente.

5. Los retos de hacer historia :

Pacientes reacios o desconfiados: Algunos pacientes pueden mostrarse reacios a compartir detalles íntimos o temer ser juzgados.

Barreras lingüísticas o culturales: Es esencial comprender y respetar las creencias culturales del paciente y, si es necesario, recurrir a un intérprete.

Complejidad de los síntomas: En medicina interna, los pacientes pueden presentarse con una serie de síntomas aparentemente inconexos. La anamnesis debe ser lo suficientemente exhaustiva como para captar esta complejidad.

6. Impacto en la atención al paciente :

Perspicacia diagnóstica: Un historial completo y preciso suele ser la clave para realizar un diagnóstico correcto.

Planificación del tratamiento : Comprender las necesidades del paciente, sus preocupaciones y su contexto vital puede orientar las decisiones sobre el tratamiento.

La anamnesis no es una mera formalidad, sino una poderosa herramienta de diagnóstico. Requiere que el clínico combine la habilidad técnica con la intuición, la empatía y la escucha. En medicina interna, con la diversidad y complejidad de los casos, es aún más esencial. Sienta las bases de una gestión centrada en el paciente, adecuada y eficaz.

Realización de un examen clínico.

El examen clínico es una etapa fundamental de la evaluación médica, que sigue a la historia clínica. Consiste en una evaluación sistemática del paciente utilizando los sentidos del clínico, a veces ayudado por algunas herramientas sencillas, como el estetoscopio o el martillo de reflejos. El objetivo de este examen es confirmar o refutar las hipótesis diagnósticas planteadas a partir de la historia clínica.

1. Preparación para el examen clínico :
   Cree el entorno adecuado: Asegúrese de que la habitación está bien iluminada, es cálida y privada.
   Explicación y consentimiento: Informe siempre al paciente de lo que va a hacer y por qué, y obtenga su consentimiento.
   Colocación del paciente: Asegúrese de que el paciente está cómodamente sentado, en función de la parte del cuerpo que vaya a examinar.

2. Revisión general :
   Aspecto general: Observe su estado de conciencia, complexión, postura, nivel de ansiedad o dolor.
   Signos vitales: Temperatura, pulso, tensión arterial, frecuencia respiratoria, saturación de oxígeno.
   Examen de la piel: color, textura, elasticidad, presencia de erupciones, hematomas, cicatrices o bultos.

3. Examen sistemático por dispositivo :

Examen cardiovascular: Auscultación del corazón, palpación de los pulsos periféricos, búsqueda de edemas en los miembros inferiores.

Examen respiratorio: Inspección, palpación, percusión y auscultación de los pulmones.

Exploración abdominal: Inspección, auscultación, percusión y palpación del abdomen.

Examen neurológico: Evaluación de la consciencia, los nervios craneales, la fuerza muscular, los reflejos, la coordinación y la sensibilidad.

Examen musculoesquelético: Evaluación de la movilidad, la fuerza y la estabilidad de las articulaciones, en busca de dolor o deformidades.

Examen otorrinolaringológico y oftalmológico: Examen de la garganta, los oídos, la nariz y los ojos.

Examen del aparato genital, urinario y rectal: Según los síntomas y con el consentimiento del paciente.

4. Técnicas de examen :

Inspección: Observaciones visuales de diferentes partes del cuerpo.

Palpación: Utilización de las manos para sentir la textura, el tamaño, la forma, la consistencia y la ubicación de determinadas partes del cuerpo.

Percusión: Golpee ligeramente la superficie del cuerpo para determinar la densidad de los órganos subyacentes.

Auscultación: Escuchar los sonidos producidos por el corazón, los pulmones, el abdomen y otros órganos.

5. Importancia de la observación y la intuición clínica :

Signos sutiles: A veces, unos signos clínicos discretos pueden proporcionar pistas valiosas sobre el estado del paciente.

Intuición clínica: Con la experiencia, muchos clínicos desarrollan una especie de "sexto sentido" que les guía en su evaluación.

6. Documentación y comunicación :

Registre sus observaciones: Documente sus observaciones durante el examen de forma detallada y estructurada.

Comparta sus hallazgos: Comente sus observaciones y evaluación con el paciente, y con otros profesionales sanitarios si es necesario.

Realizar un examen clínico es tanto un arte como una ciencia. Cada paciente es único y es esencial abordar el examen con apertura, curiosidad y respeto. En medicina interna, con su amplia gama de posibles patologías, el examen clínico es aún más crucial, y la capacidad de relacionar los signos y síntomas con una patología subyacente es una habilidad inestimable.

Gestos técnicos : Inserción de vías venosas.

La inserción de vías venosas es un procedimiento habitual en los hospitales. Estos dispositivos se utilizan para administrar medicamentos, fluidos y productos sanguíneos, o para extraer sangre. Pueden utilizarse para estancias cortas, como los catéteres venosos periféricos, o largas, como los catéteres venosos centrales.

1. Introducción: Importancia de la vía venosa

Administración de fármacos: Algunos fármacos sólo pueden administrarse por vía intravenosa.

Reanimación y emergencias: La vía venosa es esencial para la administración rápida de fluidos o medicación en caso de emergencia.

Extracción de sangre : Los catéteres facilitan la extracción de sangre para análisis.

2. Catéter venoso periférico (PVC) :

Indicaciones: Tratamientos a corto plazo, toma de muestras de sangre.

Lugares preferidos: Venas del dorso de la mano y del antebrazo.

Técnica de aplicación: desinfección rigurosa, aplicación con aguja, fijación y comprobación de la permeabilidad.

Gestión y mantenimiento: Supervisión periódica, renovación según las necesidades y recomendaciones.

3. Catéteres venosos centrales (CVC) :

Indicaciones: Tratamientos de larga duración, nutrición parenteral, quimioterapia, fármacos vasoactivos, diálisis.

Lugares preferidos: vena yugular interna, vena subclavia, vena femoral.

Técnica de colocación: Requiere una técnica estéril estricta, a menudo bajo control radiológico o ecográfico.

Gestión y mantenimiento: vigilancia rigurosa para prevenir complicaciones, vendajes estériles, vías específicas para determinadas infusiones.

4. Posibles complicaciones :

Tromboflebitis: inflamación de una vena causada por un coágulo de sangre.

Infección: En el lugar de punción o sistémica.

Extravasación: paso involuntario de medicamento o líquido fuera de la vena, que puede causar daños en los tejidos.

Obstrucción del catéter: Por un coágulo o medicación precipitada.

5. Buenas prácticas :

Asepsia rigurosa: lavado de manos, uso de guantes estériles, desinfección cuidadosa del lugar de punción.

Técnica adecuada: Elección del tamaño del catéter en función del tratamiento, comprobación del retorno venoso.

Educación del paciente: Explíquele el motivo de la intervención y los signos de complicaciones a los que debe estar atento.

Retirada: Cuando ya no sea necesario o en caso de complicaciones, siguiendo los protocolos para minimizar los riesgos.

La inserción y el manejo de vías venosas son habilidades esenciales para las enfermeras de medicina interna, dada la diversidad de pacientes y tratamientos administrados. La formación continua y la actualización de conocimientos son cruciales para garantizar la seguridad del paciente y un tratamiento eficaz.

Débitos directos.

Las muestras de sangre desempeñan un papel crucial en el manejo diagnóstico y terapéutico de los pacientes de medicina interna. Proporcionan información precisa sobre la salud de un individuo, identificando la presencia de microorganismos patógenos, anomalías bioquímicas o marcadores de enfermedades específicas.

1. Introducción: Relevancia del muestreo

Orientación diagnóstica: Identificar la causa subyacente de una patología o síntoma.

Seguimiento terapéutico: control de la eficacia o de los efectos secundarios de un tratamiento.

Cribado: Identificar una enfermedad en una fase temprana o determinar el riesgo de desarrollar una determinada afección.

2. Tipos de muestras que se toman habitualmente en medicina interna :

Sangre :
- Recuento sanguíneo completo
- Chequeo bioquímico (ionograma, funciones renales y hepáticas, etc.)
- Niveles hormonales
- Marcadores específicos (por ejemplo, troponina para el infarto de miocardio)

Urinario :
- ECBU (Examen citobacteriológico de orina)
- Ensayos bioquímicos
- Búsqueda de proteínas u otros elementos patológicos

Movimientos intestinales :
- Coprocultivo (si se sospecha infección)
- Búsqueda de sangre oculta

Líquido cefalorraquídeo (LCR): En caso de sospecha de meningitis u otras patologías neurológicas.

Pinchazos :
- Punción lumbar
- Punción pleural
- Punción de ascitis
- Biopsias (hígado, riñón, etc.)

Citología vaginal: Por ejemplo, citología vaginal para el cribado del cáncer de cuello de útero.

3. Técnicas de muestreo :

Condiciones asépticas: Para garantizar que las muestras no se contaminan.

Material adecuado: Utilice tubos o medios de cultivo específicos en función del tipo de muestra.

Técnica correcta: Minimiza el riesgo de complicaciones para el paciente y garantiza la fiabilidad de la muestra.

4. Transporte y almacenamiento :

Envasado: Algunas muestras deben conservarse a temperaturas específicas o protegidas de la luz.

Rapidez: La rapidez de entrega al laboratorio suele ser crucial para la fiabilidad de los resultados.

5. Interpretación de los resultados :

Normal frente a anormal: compare los resultados con los valores de referencia.

Correlación clínica: Relacione los resultados con el cuadro clínico del paciente.

6. Comunicación con el laboratorio :

Discusiones: Hable con el laboratorio para comprender los resultados inesperados o solicitar pruebas adicionales.

Formación continua: los métodos de análisis evolucionan, por lo que es crucial mantenerse al día.

La toma de muestras de sangre es una herramienta fundamental para los profesionales sanitarios en medicina interna, y su correcta realización e interpretación son esenciales para una atención óptima del paciente. Las enfermeras desempeñan un papel fundamental en este proceso, desde la recogida de la muestra hasta la comunicación de los resultados al paciente y al equipo sanitario.

Administración tratamientos específicos.

La administración de tratamientos específicos es una de las tareas centrales de la enfermera de medicina interna. Estos tratamientos, a menudo complejos, requieren un profundo conocimiento, atención al detalle y una estrecha colaboración con el equipo médico.

1. Introducción: La versatilidad del rol enfermero

   Adaptar la terapia: Cada paciente es único. Sus necesidades, su historial y su respuesta al tratamiento requieren una adaptación constante.

   Educar y tranquilizar: La enfermera informa al paciente sobre su terapia, le explica los posibles beneficios y riesgos y se asegura de que el paciente y su familia comprenden el plan de tratamiento.

2. Tratamientos comunes en medicina interna :

   Antibióticos: Ya sean intravenosos, orales o inyectados, se utilizan con frecuencia para tratar diversas infecciones.

   Corticosteroides: Se utilizan en enfermedades inflamatorias o autoinmunes.

   Anticoagulantes: Prevención y tratamiento de la trombosis.

   Inmunosupresores: utilizados en particular para las enfermedades autoinmunes o tras los trasplantes.

   Quimioterapia : Para el tratamiento de determinados cánceres o enfermedades hematológicas.

   Tratamientos sustitutivos: como la insulina para la diabetes o las hormonas tiroideas.

3. Técnicas de administración :

   Vía oral: comprimidos, cápsulas, jarabes.

   Inyección: Intravenosa, intramuscular, subcutánea.

   Perfusión: De duración variable, requiere una estrecha vigilancia.

   Tópicos: cremas, geles, parches.

   Inhalación: Sprays, aerosoles, nebulizaciones.

4. Seguimiento y efectos secundarios :

   Seguimiento clínico: Observe la aparición de síntomas adversos o signos de mejoría.

   Pruebas biológicas: Algunos tratamientos requieren un control regular de los parámetros sanguíneos.

   Gestión de los efectos secundarios: Reconocer, tratar y, si es necesario, adaptar el tratamiento en caso de que se produzca un efecto indeseable.

5. Educación terapéutica :

Explicaciones claras: Ayudar a los pacientes a comprender su enfermedad y su tratamiento.

Adherencia al tratamiento : Discuta las posibles barreras y fomente la adherencia regular.

Autoadministración: Enseñar a los pacientes a administrarse su propio tratamiento en caso necesario (por ejemplo, inyecciones de insulina).

6. Coordinación con el equipo asistencial :

Comunicaciones específicas: Compartir con los médicos las observaciones y cualquier problema relacionado con el tratamiento.

Colaboración multidisciplinar: trabajar con farmacéuticos, fisioterapeutas, dietistas, etc.

La administración de tratamientos específicos es una gran responsabilidad que recae sobre los hombros de la enfermera de medicina interna. No sólo requiere competencias técnicas, sino también la capacidad de comunicar, educar y adaptarse a cada paciente. En este contexto, la enfermera desempeña un papel fundamental, garantizando la seguridad del paciente al tiempo que optimiza la eficacia terapéutica.

Capítulo 4

COLABORACIÓN INTERPROFESIONAL

Trabajar con el internista: comunicación y rapport.

Colaborar estrechamente con el internista es una parte esencial de la profesión de enfermería. Esta colaboración implica una comunicación clara, precisa y respetuosa, para garantizar una atención óptima al paciente. La relación enfermera-internista es aún más crucial en medicina interna, una especialidad compleja que se ocupa de patologías multisistémicas.

1. Comprender el papel del internista :
   - **Conocimientos médicos**: los internistas son expertos en patologías internas, que a menudo son crónicas y multisistémicas.
   - **Decisiones terapéuticas**: Toma decisiones relativas al tratamiento y a las orientaciones diagnósticas.
2. La importancia de la comunicación :
   - **Transmitir información**: Las enfermeras están en primera línea cuando se trata de observar la evolución del paciente. Transmitir esta información con precisión es esencial.
   - **Intercambio bidireccional**: Si la enfermera transmite información al médico, éste también debe comunicar sus decisiones y razonamientos a la enfermera.
   - **Reuniones multidisciplinares**: Son oportunidades para debatir casos complejos y definir una estrategia terapéutica colectiva.
3. La relación cotidiana :
   - **Respeto mutuo**: Reconocer la experiencia de los demás, valorar su papel y sus competencias.
   - **Colaboración**: trabajar codo con codo, sobre todo en situaciones de emergencia o cuando hay que tomar decisiones complejas.
   - **Formación continua**: El internista puede desempeñar un papel formativo para el enfermero,

ayudándole a comprender mejor ciertas patologías o tratamientos.

4. Gestionar los desacuerdos :

Diálogo: En caso de diferencia de opinión, es esencial establecer un diálogo constructivo, anteponiendo los intereses del paciente.

Retroalimentación: La retroalimentación es esencial para mejorar la colaboración. Es importante poder discutir lo que funciona bien y lo que se puede mejorar.

5. Comunicación con el paciente :

Enfoque coordinado: La enfermera y el médico deben presentar al paciente una visión y una información coherentes, aunque cada uno aporte su propia perspectiva.

Papel de traductor: La enfermera puede actuar a veces como intermediaria, explicando al paciente, con palabras más sencillas, lo que el médico le ha prescrito o diagnosticado.

6. Evolución de la relación :

De la jerarquía a la colaboración: Mientras que en el pasado la relación se percibía a menudo como jerárquica, hoy se hace hincapié en la colaboración horizontal, en la que cada profesional sanitario aporta su experiencia única.

Interdependencia: Una atención óptima al paciente requiere la sinergia de todo el equipo asistencial.

La colaboración entre la enfermera y el internista es una danza delicada pero esencial. Requiere confianza, comunicación abierta y respeto mutuo. En medicina interna, donde los casos pueden ser complejos, esta colaboración es la clave del éxito de la gestión y de la mejora constante de la calidad de los cuidados.

Toma de decisiones compartida.

La toma de decisiones compartida (TDC) es un proceso de colaboración en el que el profesional sanitario y el paciente trabajan juntos para tomar una decisión médica. Este enfoque hace hincapié en la colaboración, el respeto de los valores y preferencias del paciente y el uso de las mejores pruebas disponibles. En medicina interna, dada la complejidad de los casos, la PDP es especialmente relevante.

1. Fundamentos de la toma de decisiones compartida :
   Respeto por los valores individuales: Cada paciente tiene sus propios valores, preocupaciones y aspiraciones. La PDP respeta estos elementos esenciales.

   Derecho a la autonomía: Los pacientes tienen derecho a participar activamente en su propio cuidado y a tomar decisiones sobre su salud.
2. El proceso PDP :
   Información al paciente: Proporcionar a los pacientes información clara, precisa y comprensible sobre las opciones disponibles y sus ventajas e inconvenientes.

   Escucha activa: Comprender las preferencias, valores y preocupaciones del paciente.

   Discusión: Discuta abiertamente las distintas opciones, sopesando sus ventajas e inconvenientes frente a las expectativas y preocupaciones del paciente.

   Toma de decisiones conjunta: El profesional sanitario y el paciente se ponen de acuerdo sobre la mejor decisión a tomar.
3. Los beneficios de la PDP :
   Atención personalizada: El tratamiento se adapta a las necesidades y preferencias del paciente.

Mejor adherencia al tratamiento: Es más probable que los pacientes sigan un tratamiento cuando han participado en la decisión.

Mayor satisfacción: los pacientes se sienten valorados, escuchados e implicados.

4. Los retos del PDP :

Tiempo: La PDP puede llevar más tiempo que los enfoques tradicionales de toma de decisiones.

Formación: Los profesionales sanitarios deben formarse en este enfoque para que sea eficaz.

Limitaciones de las pruebas: No todas las decisiones médicas están respaldadas por pruebas sólidas, lo que puede complicar la PDP.

5. PDP en medicina interna :

Complejidad de los casos: Los pacientes de medicina interna pueden presentar patologías múltiples y complejas, que requieren un enfoque matizado.

Equipo multidisciplinar: La toma de decisiones puede implicar a varios especialistas, lo que subraya la importancia de la comunicación y la coordinación.

Retos éticos: La medicina interna puede presentar a veces dilemas éticos, en los que la PDP desempeña un papel crucial para garantizar que el paciente esté en el centro de las decisiones.

La toma de decisiones compartida representa un cambio importante en la forma de prestar asistencia sanitaria. Valora la experiencia y los conocimientos del paciente, al tiempo que aprovecha las habilidades clínicas del profesional sanitario. En medicina interna, significa navegar por la complejidad de los casos con el paciente como socio de pleno derecho.

Trabajar juntos con otros departamentos : Imágenes médicas.

La imagen médica desempeña un papel crucial en la medicina interna. Se utiliza no sólo para realizar un diagnóstico, sino también para controlar el progreso de una patología, guiar determinadas intervenciones y contribuir a la investigación médica. La interacción entre las enfermeras y el mundo de la imagen es esencial para garantizar unos cuidados de calidad.

1. Modalidades de imagen en medicina interna :
   - **Radiografía**: Una de las formas más antiguas de diagnóstico por imagen, utiliza rayos X para visualizar los huesos y ciertos tejidos.
   - **Ecografía**: Utiliza ondas sonoras para producir imágenes, se suele emplear para examinar el corazón, los vasos, el hígado y otros órganos.
   - **Tomografía computarizada (TC):** Forma avanzada de radiografía que produce imágenes transversales del cuerpo.
   - **Resonancia magnética (RM)**: utiliza potentes imanes y ondas de radio para producir imágenes detalladas.
   - **Centellografía**: Utiliza sustancias radiactivas para evaluar la función de determinados órganos.
2. El papel de la enfermera en la imagen médica :
   - **Preparación del paciente**: Explicar el procedimiento, comprobar el historial médico, administrar agentes de contraste si es necesario.
   - **Seguimiento posterior al** examen: Vigile cualquier reacción a los agentes de contraste y asegúrese de que el paciente se encuentra bien tras el examen.
   - **Comunicación**: actuar como enlace entre el paciente, el radiólogo y el internista, en particular transmitiendo información importante o preocupaciones del paciente.

3. La importancia diagnóstica de la imagen :

Detección: localizar una anomalía o enfermedad en una fase temprana.

Localización: Para precisar la ubicación de una lesión o tumor.

Caracterización: diferenciar una masa benigna de una maligna o determinar la naturaleza de una anomalía.

4. Imagenología intervencionista :

Biopsias guiadas : Toma de muestras de tejido para su análisis mediante una modalidad de imagen.

Cateterismo: uso de imágenes para guiar la introducción de un catéter en el cuerpo.

5. Retos y preocupaciones :

Protección radiológica: minimizar la exposición a la radiación de los pacientes y el personal médico.

Alergias e interacciones: Algunos agentes de contraste pueden provocar reacciones.

Calidad e interpretación: Garantizar una calidad de imagen óptima y una interpretación precisa de los resultados.

6. Innovaciones y futuro de la imagen médica :

Tecnologías avanzadas: Desarrollo de nuevas modalidades y mejora de las técnicas existentes para obtener imágenes de mayor calidad con menos riesgos.

Inteligencia artificial: Uso de la IA para mejorar la detección e interpretación de imágenes.

La imagen médica es una piedra angular de la medicina interna. La estrecha colaboración entre enfermeras, tecnólogos radiólogos y médicos es esencial para garantizar una atención de calidad y una toma de decisiones informada. La tecnología evoluciona rápidamente y ofrece interesantes oportunidades para seguir mejorando el diagnóstico y el tratamiento en medicina interna.

Cirugía.

La cirugía, aunque generalmente asociada a especialidades quirúrgicas distintas, interactúa estrechamente con la medicina interna. De hecho, muchos pacientes de medicina interna pueden requerir cirugía o encontrarse en la fase postoperatoria. Para la enfermera de medicina interna, comprender los aspectos quirúrgicos es fundamental para garantizar unos cuidados óptimos.

1. La interacción entre la medicina interna y la cirugía :
   Consultas preoperatorias: evaluación de los pacientes por el internista antes de la cirugía para detectar problemas médicos subyacentes u optimizar las condiciones preoperatorias.
   Seguimiento postoperatorio: Vigilancia de las posibles complicaciones médicas tras la intervención quirúrgica.
2. El papel de la enfermera en la cirugía :
   Preparación preoperatoria: educación del paciente, historial médico, preparación de la piel, verificación de las pruebas preoperatorias y coordinación con el equipo quirúrgico.
   Cuidados postoperatorios: control de las constantes vitales, tratamiento del dolor, cuidado de las heridas, movilización precoz del paciente y detección precoz de complicaciones.
   Comunicación: actuar como enlace entre el paciente, el equipo quirúrgico y el internista.
3. Complicaciones postoperatorias :
   Complicaciones cardiovasculares: infarto de miocardio, arritmia, insuficiencia cardiaca.
   Complicaciones respiratorias: Neumonía, atelectasia, embolia pulmonar.
   Complicaciones renales: insuficiencia renal aguda, infecciones del tracto urinario.

Complicaciones infecciosas: infecciones del sitio quirúrgico, septicemia.
4. Cirugía y pacientes pluripatológicos :
Evaluación de riesgos: Los pacientes con múltiples comorbilidades pueden presentar mayores riesgos durante la cirugía.
Optimización preoperatoria: gestión de la medicación, estabilización de enfermedades crónicas y preparación física.
5. Retos específicos en medicina interna :
Cirugía no programada: gestión de las urgencias quirúrgicas de pacientes ya hospitalizados por motivos médicos.
Consentimiento informado: Asegurarse de que el paciente comprende los riesgos y beneficios del procedimiento, sobre todo si tiene deterioro cognitivo u otros problemas médicos complejos.
6. La importancia de la colaboración :
Equipo multidisciplinar: estrecha colaboración entre enfermeras, cirujanos, anestesistas e internistas para garantizar una atención integral.
Reuniones de consulta multidisciplinares: Discusión de casos complejos para determinar el mejor enfoque quirúrgico y médico.

La cirugía es una parte crucial de la vía asistencial de muchos pacientes de medicina interna. Para el personal de enfermería, un conocimiento profundo de las implicaciones quirúrgicas y una estrecha colaboración con el equipo quirúrgico son esenciales para garantizar una atención integral y óptima al paciente.

Cuidados paliativos.

Los cuidados paliativos desempeñan un papel esencial en la medicina interna. Su objetivo es mejorar la calidad de vida de los pacientes y sus familias ante las consecuencias de una enfermedad potencialmente mortal, aliviando el dolor y el sufrimiento físico, psicológico y espiritual. Para las enfermeras de medicina interna, el dominio de los principios de los cuidados paliativos es crucial.

1. Entender los cuidados paliativos :
   - **Definición y principios** : Discutir la filosofía de los cuidados paliativos y en qué se diferencian de los cuidados curativos.
   - **Los objetivos de los cuidados paliativos**: alivio del dolor, apoyo psicológico, espiritualidad, mantenimiento de la dignidad y toma de decisiones informada.
2. La enfermera de cuidados paliativos :
   - **Evaluación holística**: comprender al paciente como un todo, incluidos los aspectos fisiológicos, psicológicos, sociales y espirituales.
   - **Tratamiento del dolor y otros síntomas**: técnicas farmacológicas y no farmacológicas para el alivio del dolor, la disnea, la ansiedad y otros síntomas.
   - **Apoyo psicológico y espiritual**: escuchar, ofrecer consuelo, facilitar las conversaciones sobre el final de la vida.
3. La comunicación en los cuidados paliativos :
   - **Debates sobre los objetivos de los cuidados**: plantear los deseos y preferencias del paciente, anticipar las decisiones médicas al final de la vida.
   - **La verdad amable**: cómo hablar del final de la vida sin quitar la esperanza.
   - **Comunicación con la familia**: integrar a la familia en el proceso de atención, ofrecerle apoyo e información.
4. Retos éticos :
   - **Exceso terapéutico frente a dejarse llevar**: encontrar el equilibrio entre continuar el tratamiento y aceptar el final de la vida.

Directivas anticipadas: la importancia y el papel de las directivas relativas a las decisiones médicas al final de la vida.

Eutanasia y suicidio asistido: abordar los debates y las implicaciones éticas en diferentes contextos culturales y jurídicos.

5. Apoyo al equipo asistencial :

Fatiga por compasión: reconocer y gestionar el agotamiento emocional asociado a los cuidados paliativos.

Supervisión y autocuidado: la importancia de la reflexión, el apoyo entre iguales y las estrategias de autopreservación.

Formación y recursos: Oportunidades para mejorar las habilidades y los conocimientos en cuidados paliativos.

6. La evolución de los cuidados paliativos :

Cuidados paliativos a domicilio: los retos y beneficios de atender a los pacientes fuera del ámbito hospitalario.

Tecnología y cuidados paliativos: Cómo las innovaciones pueden apoyar los cuidados paliativos.

Investigación y desarrollo: Nuevos enfoques, estudios y protocolos para mejorar los cuidados paliativos.

En medicina interna, los cuidados paliativos son inestimables para apoyar a los pacientes en las fases avanzadas de su enfermedad. La enfermera, como eje del equipo de cuidados, desempeña un papel fundamental para garantizar que estos pacientes disfruten de la mejor calidad de vida posible en sus momentos más vulnerables.

Capítulo 5

DESAFÍOS EMOCIONALES Y APOYO PSICOLÓGICO

Gestionar el estrés y el agotamiento.

Gestionar el estrés y el agotamiento es una cuestión fundamental en el ámbito médico, sobre todo en medicina interna, donde la intensidad de los cuidados puede aumentar. Las enfermeras, en primera línea, están especialmente expuestas. Un enfoque proactivo es esencial si quieren proporcionar una atención óptima al paciente y preservar al mismo tiempo su propio bienestar.

1. Reconocer los signos de estrés y agotamiento :
   Síntomas físicos: Fatiga crónica, dolores de cabeza, insomnio, dolores musculares.
   Síntomas emocionales: Irritabilidad, sensación de agobio, ansiedad, depresión.
   Síntomas conductuales: Retraimiento social, disminución del rendimiento, evitación de tareas.
2. Comprender las causas :
   Carga de trabajo: horarios largos e irregulares, múltiples responsabilidades, falta de recursos.
   Dinámica de equipo: conflictos interpersonales, falta de apoyo, problemas de comunicación.
   Factores emocionales : Vínculos intensos con los pacientes, enfrentamientos frecuentes con el sufrimiento y la muerte.
3. Estrategias de gestión del estrés :
   Técnicas de relajación: respiración profunda, meditación, yoga.
   Gestión del tiempo: priorizar las tareas, tomar descansos regulares, delegar cuando sea posible.
   Límites profesionales: saber decir no, reconocer sus límites, pedir ayuda.
4. Prevenir el agotamiento :
   Equilibrio trabajo-vida privada: Valorar el tiempo fuera del trabajo, desconectar, tener aficiones.
   Apoyo profesional: supervisión, grupos de discusión, formación en gestión del estrés.

Evaluación regular: autoevaluación, comentarios de los compañeros, seguimiento con un profesional de la salud mental si es necesario.

5. Cultivar la resiliencia :

Reflexión personal: Comprenda sus propios desencadenantes de estrés, reconozca sus puntos fuertes y sus limitaciones.

Desarrolle una red de apoyo: confidentes, mentores, grupo de iguales.

Formación continua: Refuerce sus habilidades, aprenda nuevos métodos para gestionar el estrés.

6. La importancia del apoyo institucional :

Programas de bienestar: Establecimiento de iniciativas para la salud mental, grupos de apoyo.

Políticas de prevención: reconocer y actuar contra el burnout como problema organizativo.

Oportunidades de formación: Talleres, seminarios y formación para gestionar el estrés y prevenir el agotamiento.

7. Recursos externos :

Terapia: Encontrar un espacio para discutir los retos profesionales y personales.

Coaching y tutoría: Benefíciese de los consejos y la experiencia de otros profesionales.

Asociaciones profesionales: recursos, talleres y comunidades de apoyo.

En un entorno tan exigente como el de la medicina interna, las enfermeras necesitan armarse de estrategias y recursos para sortear los retos diarios. La gestión proactiva del estrés y la prevención del agotamiento son esenciales no sólo para el bienestar de la enfermera, sino también para garantizar una atención óptima al paciente.

La importancia de la empatía y la comunicación.

La empatía y la comunicación son pilares esenciales en el mundo de la medicina, y en particular para las enfermeras de medicina interna. Navegando en el corazón de las dolencias y las emociones, la enfermera es a menudo el primer punto de contacto, el vínculo entre el paciente y el resto del equipo médico. En esta dinámica, la capacidad de comprender, sentir y comunicar se vuelve crucial.

La empatía es la capacidad de ponerse en el lugar de otra persona, de percibir sus sentimientos, de entrar en su mundo sin juzgarla. En medicina interna, donde las patologías son diversas y a menudo complejas, y donde los pacientes se ven a veces abrumados por una avalancha de información y tratamientos, la empatía de la enfermera marca la diferencia. Alivia y tranquiliza. Crea un vínculo de confianza, convirtiendo al paciente en protagonista de su propia recuperación.

Pero la empatía por sí sola no basta. Debe ir acompañada de una comunicación clara, precisa y adecuada. Cada paciente es único, con su propia experiencia, cultura y temores. Adaptar lo que se dice, elegir las palabras adecuadas, evita malentendidos, tranquiliza y educa. Cuando las enfermeras se toman el tiempo necesario para explicar un tratamiento, responder a una pregunta o explicar un procedimiento en detalle, dan a los pacientes las herramientas que necesitan para comprender su situación, cooperar y seguir adelante.

Esta alianza entre empatía y comunicación también da forma a la relación con las personas cercanas al paciente. En los pasillos de la medicina interna gravitan familiares y amigos, preocupados, esperando noticias, buscando comprender. La empatía de la enfermera puede disipar sus temores y su comunicación puede iluminarles el camino.

Pero este delicado baile entre empatía y comunicación no se detiene ahí. Se extiende al equipo médico. Comprender las necesidades de un colega, anticiparse a una petición, comunicar claramente una observación... todo ello facilita el trabajo en equipo, haciendo que la atención sea más fluida y eficaz.

Por último, más allá de los beneficios tangibles, la empatía y la comunicación enriquecen a las propias enfermeras. Les permiten forjar vínculos profundos, encontrar sentido a su trabajo y superar los días difíciles. Les recuerdan que detrás de cada expediente médico hay un ser humano, con sus esperanzas, sus miedos y sus sueños. Y que cada interacción, cada palabra, cada gesto cuenta. En medicina interna, como en todas partes, la empatía y la comunicación no son sólo habilidades, son la esencia misma de la asistencia.

Gestión de casos difíciles : Pacientes al final de la vida.

Los pacientes al final de la vida constituyen un área especialmente emotiva y compleja de la medicina interna. Acompañar a estas personas en sus últimos momentos requiere no sólo experiencia clínica, sino también una profunda humanidad. Es un momento en el que la calidad de vida, la dignidad y el respeto a los deseos del paciente son primordiales.

Cuando un paciente entra en esta fase final de su vida, todo cambia. Los objetivos terapéuticos pasan de un enfoque curativo a uno paliativo. Ya no se hace hincapié en la curación, sino en el alivio del dolor, el confort, el bienestar y el apoyo psicológico. Se trata de comprender y aceptar que a veces no hacer algo es tan importante como hacerlo, y que un tratamiento implacable no siempre es lo mejor para el paciente.

Pero este periodo también está marcado por una serie de retos emocionales y éticos. Las enfermeras de medicina interna se enfrentan a menudo a decisiones difíciles. ¿Cuándo debe interrumpirse el tratamiento? ¿Cómo enfocar las discusiones sobre reanimación, nutrición o hidratación artificial? ¿Cómo respetar los deseos del paciente teniendo en cuenta al mismo tiempo las recomendaciones médicas y los sentimientos de la familia? Estos dilemas requieren una escucha atenta, una comunicación clara y, sobre todo, mucha empatía.

Acompañar a un paciente al final de la vida también significa ser testigo de momentos intensos. Despedidas llenas de lágrimas, arrepentimientos, reconciliaciones, momentos de gracia en los que la vida y la muerte se unen en una danza silenciosa. Es en estos momentos cuando la enfermera desempeña un papel esencial, no sólo como profesional sanitaria, sino también como ser humano. Estar ahí, ofrecer una mano que estrechar, una sonrisa, una palabra reconfortante, puede marcar la diferencia.

También es crucial apoyar a la familia y a los seres queridos. Están atravesando un periodo de duelo, confusión y ansiedad. Orientándoles, informándoles, escuchándoles y consolándoles, podemos ayudarles a superar este delicado periodo, a hacer el duelo y a encontrar un sentido a su pérdida.

Sin embargo, es importante reconocer el impacto emocional en las propias enfermeras. Cuidar con regularidad a pacientes al final de la vida puede provocar agotamiento e incluso un trauma vicario. Por lo tanto, es esencial cuidarse, buscar apoyo, reconocer las propias emociones y responder a ellas con amabilidad.

La atención al final de la vida es un recordatorio de la esencia misma de la medicina interna: atender a los seres humanos en toda su complejidad, con compasión y dignidad. Es un poderoso recordatorio de la fragilidad de la vida, pero también de la belleza y la profundidad de los vínculos humanos.

Las malas noticias.

Hablar de malas noticias en el contexto médico es como sumergirse en el corazón de uno de los retos más delicados de la profesión. Ya se trate de un diagnóstico inesperado, de un pronóstico desfavorable o de una complicación médica, dar una noticia difícil es una tarea ardua que requiere tacto, compasión y habilidad.

El primer impacto de las malas noticias es el shock. Las palabras pueden parecer flotar en el aire, cargadas de significado, creando una onda expansiva que adormece la mente del paciente y de sus seres queridos. Para la enfermera o el médico, es una realidad que se repite a menudo, pero para la persona que recibe la noticia, es un momento singular y estremecedor que divide la vida en un antes y un después.

Dar malas noticias requiere, por tanto, una preparación cuidadosa. Es esencial elegir el momento y el lugar adecuados, garantizar la confidencialidad y asegurarse de que el paciente esté acompañado si es posible. El tono, las palabras elegidas y la claridad de la información cuentan. El profesional sanitario debe esforzarse por ser a la vez objetivo y empático, evitando la jerga médica y siendo al mismo tiempo honesto y transparente.

La comunicación implica algo más que la mera transmisión de información. Implica escuchar activamente, percibir las emociones del paciente, responder a sus preguntas y disipar sus preocupaciones. Es un intercambio, un diálogo, en el que el apoyo emocional es tan importante como la propia información.

Las reacciones a las malas noticias son muchas y variadas. Algunos pacientes pueden entrar en estado de shock, otros pueden llorar, algunos pueden hacer muchas preguntas mientras que otros pueden querer que les dejen solos. Reconocer y respetar estas reacciones es crucial. Las enfermeras deben estar preparadas para ofrecer apoyo, remitir a recursos adicionales si es necesario o simplemente estar ahí, ofreciendo un hombro en el que apoyarse.

También es esencial implicar a la familia y a los amigos íntimos. Desempeñan un papel crucial en el apoyo emocional del paciente y deben ser informados, con el consentimiento del paciente, para que puedan acompañar mejor a su ser querido en esta dura prueba.

Pero más allá del paciente, dar malas noticias también repercute en el profesional sanitario. Si no se gestiona, esta carga emocional puede provocar agotamiento, sentimientos de culpa o tristeza. Por lo tanto, es vital que las enfermeras se cuiden a sí mismas, buscando el apoyo de sus colegas, de la supervisión o de la formación continua.

Dar malas noticias significa navegar por las turbias aguas de las emociones humanas, tratando de aportar claridad, apoyo y compasión a uno de los momentos más difíciles de la vida. Es un poderoso recordatorio de la importancia de la humanidad en la práctica médica.

Capítulo 6

PROCEDIMIENTOS Y PROTOCOLOS ESPECÍFICOS DE MEDICINA INTERNA

Protocolos de aislamiento e higiene.

Los protocolos de aislamiento e higiene forman parte integral de la rutina hospitalaria y son de vital importancia para garantizar la seguridad de los pacientes, el personal sanitario y los visitantes. Estas medidas preventivas no sólo sirven para evitar la propagación de infecciones nosocomiales, sino también para proteger a los pacientes vulnerables con sistemas inmunitarios debilitados.

Por su propia naturaleza, el hospital es un lugar donde coexisten muchos gérmenes, bacterias y virus. Algunos pacientes ingresan con enfermedades infecciosas, mientras que otros pueden correr el riesgo de contraerlas debido a su estado de salud. En este contexto, la higiene y el aislamiento adquieren toda su importancia.

Los protocolos de higiene abarcan una serie de prácticas. Lavarse las manos es la primera medida y la más fundamental. Está demostrado que un lavado de manos eficaz y regular reduce considerablemente el riesgo de transmisión. Por lo tanto, es fundamental que todos los miembros del personal sanitario, desde los médicos hasta las enfermeras y los auxiliares asistenciales, cumplan estrictamente este protocolo.
Otras medidas de higiene incluyen la limpieza y desinfección periódicas de las superficies, sobre todo en las zonas de alto riesgo como los quirófanos o las unidades de cuidados intensivos. Los equipos médicos, desde los simples estetoscopios hasta las máquinas más complejas, también deben limpiarse y desinfectarse con regularidad.

Los protocolos de aislamiento se ponen en marcha cuando se sabe o se sospecha que un paciente es portador de una infección contagiosa. Según el tipo de infección, pueden ser necesarios distintos niveles de aislamiento:

Aislamiento por contacto: para enfermedades transmitidas por contacto directo, como ciertas cepas de bacterias resistentes. El personal asistencial debe llevar guantes y batas cuando entre en contacto con los pacientes.

Aislamiento respiratorio: para enfermedades de transmisión aérea como la tuberculosis. Se requiere una mascarilla para entrar en la habitación del paciente.

Aislamiento protector: para pacientes con un sistema inmunitario muy debilitado, como después de un trasplante de médula ósea. El objetivo es proteger al paciente de infecciones externas.

Estos protocolos pueden parecer a veces restrictivos, y es cierto que estar en aislamiento puede ser una experiencia solitaria y difícil para el paciente. Pero es vital recordar que estas medidas se establecen para proteger a todos: al paciente, al personal de enfermería y a los demás pacientes.

El cumplimiento estricto de estos protocolos requiere formación continua, concienciación y vigilancia. Las enfermeras desempeñan aquí un papel fundamental, no sólo asegurándose de que se aplican estas medidas, sino también educando a los pacientes, a sus familias e incluso a sus colegas sobre su importancia.

En última instancia, los protocolos de aislamiento e higiene son una expresión de la promesa fundamental de la medicina: "Primum non nocere", o "Primero, no hacer daño". En un mundo médico en constante cambio, en el que los gérmenes y las bacterias evolucionan y se hacen cada vez más resistentes, esta promesa es más importante que nunca.

Gestión de emergencias internas: descompensación, shock, etc.

En el contexto de la medicina interna, las enfermeras se encuentran a menudo en primera línea a la hora de identificar y responder a situaciones de emergencia. Enfrentadas a multitud de patologías y perfiles de pacientes, deben estar preparadas para gestionar crisis repentinas, descompensaciones o estados de shock. Estas situaciones requieren una actuación rápida, experiencia clínica y una comunicación eficaz.

1. Reconocimiento precoz :
Antes de que se produzca una emergencia, la observación es clave. Las enfermeras deben ser capaces de detectar signos sutiles de deterioro en un paciente. Los cambios en las constantes vitales, la consciencia, la respiración o la complexión pueden ser indicadores de una emergencia inminente. La formación continua y la experiencia desempeñan un papel crucial en el desarrollo de esta capacidad de observación.

2. Descompensación :
La descompensación es una exacerbación o empeoramiento de una enfermedad crónica. Por ejemplo, una descompensación cardiaca puede manifestarse como una repentina falta de aliento, un rápido aumento de peso debido a la retención de líquidos o un aumento de la fatiga. La enfermera debe reconocer estos signos, iniciar el tratamiento prescrito, como la administración de diuréticos, e informar rápidamente al equipo médico.

3. Estados de choque :
El shock es una situación de urgencia médica caracterizada por una perfusión insuficiente de los órganos. Puede tener distintos orígenes: hemorrágico, cardiogénico, séptico, etc. Los enfermeros deben ser capaces de identificar el tipo de shock, prestar los primeros auxilios adecuados, como establecer una vía de

acceso venoso y administrar soluciones, y alertar al equipo médico.

4. Comunicación :

En cualquier situación de emergencia, es esencial una comunicación clara y concisa. Los enfermeros deben ser capaces de transmitir rápidamente la información pertinente a los médicos, a otros enfermeros y, en su caso, a la familia del paciente. Esta comunicación debe ser objetiva y centrarse en las constantes vitales, los síntomas observados, las intervenciones realizadas y la respuesta del paciente.

5. Trabajo en equipo :

Una emergencia médica es un trabajo de equipo. Cada miembro del equipo, desde el médico al enfermero pasando por el camillero, tiene un papel que desempeñar. La coordinación eficaz, el respeto de las funciones y la confianza mutua son esenciales para una atención óptima del paciente.

6. Post-crisis :

Una vez estabilizada la situación, el trabajo de la enfermera no se detiene. Deben vigilar al paciente para detectar cualquier complicación, asegurarse de que se administran todos los tratamientos y de que se mantiene informados a los médicos de la evolución del paciente. Además, puede ser necesaria una reunión informativa para analizar la situación, discutir lo que ha ido bien e identificar las áreas que pueden mejorarse.

La gestión de las urgencias en medicina interna es una prueba para la habilidad, el juicio y la resistencia de las enfermeras. Pero con la formación adecuada, la experiencia práctica y el apoyo de un equipo fuerte, están bien equipadas para hacer frente a estos retos y ofrecer unos cuidados de la máxima calidad a sus pacientes.

Seguimiento de pacientes crónicos.

El seguimiento de los pacientes crónicos es un aspecto fundamental de la medicina interna. La gestión de enfermedades crónicas como la diabetes, la hipertensión y las enfermedades pulmonares requiere un enfoque integral centrado en el paciente, que combine la experiencia clínica, la educación terapéutica y el apoyo a largo plazo. Las enfermeras desempeñan un papel fundamental en este contexto.

1. Comprender la enfermedad :
Antes de poder prestar un apoyo eficaz a un paciente, las enfermeras deben tener un conocimiento profundo de la enfermedad en cuestión. Esto incluye su fisiopatología, los síntomas comunes, las complicaciones potenciales y los tratamientos recomendados.

2. Educación terapéutica :
Una de las funciones clave de las enfermeras es educar a los pacientes sobre su enfermedad y su tratamiento. Esto puede incluir información sobre la toma de medicamentos, el reconocimiento de los signos de descompensación o la importancia de una dieta y un estilo de vida adecuados. El objetivo es que los pacientes sean autónomos y participen activamente en su propio cuidado.

3. Seguimiento regular :
Un seguimiento regular permite detectar precozmente cualquier deterioro de la salud o complicación. En estas citas, la enfermera evalúa la eficacia del tratamiento y la aparición de efectos secundarios, y se asegura de que el paciente comprende y cumple el tratamiento prescrito.

4. Coordinación de los cuidados :
A menudo, el paciente crónico es seguido por varios especialistas. Las enfermeras pueden desempeñar un papel central en la coordinación de estos cuidados, asegurando una comunicación fluida entre los distintos

profesionales sanitarios y garantizando la continuidad de los cuidados.

5. Apoyo psicológico :

Vivir con una enfermedad crónica puede ser una fuente de ansiedad, frustración o depresión para los pacientes. Las enfermeras son a menudo el primer punto de contacto del paciente, y como tal es esencial que puedan ofrecer apoyo psicológico, escuchando las preocupaciones de los pacientes y remitiéndoles a un profesional especializado si es necesario.

6. Promoción de la salud :

Además del tratamiento farmacológico, el abordaje de las enfermedades crónicas suele implicar cambios en el estilo de vida. Ya sea fomentando la actividad física, dando consejos dietéticos o dejando de fumar, las enfermeras desempeñan un papel activo en la promoción de la salud.

7. Cumplimiento terapéutico :

Uno de los mayores retos en la gestión de las enfermedades crónicas es conseguir que los pacientes sigan cumpliendo su tratamiento. Las enfermeras, a través de su contacto regular con los pacientes, están en primera línea para identificar los obstáculos a la adherencia y trabajar con los pacientes para superarlos.

El seguimiento de pacientes crónicos es una tarea a largo plazo, que requiere paciencia, empatía y experiencia clínica. Pero también ofrece a las enfermeras la oportunidad de entablar relaciones duraderas con sus pacientes y apoyarles a lo largo de su itinerario asistencial, con la recompensa final de mejorar su calidad de vida.

Capítulo 7

HERRAMIENTAS Y TECNOLOGÍA EN MEDICINA INTERNA

La evolución historias clínicas electrónicas.

La evolución de las historias clínicas electrónicas (HCE) ha transformado drásticamente la forma de prestar, documentar y gestionar la asistencia sanitaria. Estos sistemas digitales han sustituido a los tradicionales historiales en papel, inaugurando una era de precisión médica, eficiencia e interoperabilidad.

1. De los orígenes a la era digital :
Al principio, los historiales médicos eran simples notas manuscritas, a menudo dispersas entre distintos proveedores y hospitales. La necesidad de centralización y de una mejor organización llevó a la adopción gradual de los RME, a partir de las décadas de 1960 y 1970, pero su uso se generalizó a principios del siglo XXI.

2. Ventajas de los RME :
Los EMR han aportado una serie de beneficios tangibles. Han mejorado la eficiencia al reducir la necesidad de introducir repetidamente información idéntica, han promovido una mejor coordinación de la atención entre los distintos proveedores y han minimizado los errores médicos gracias a la legibilidad y disponibilidad de la información.

3. Integración e interoperabilidad :
A medida que la tecnología ha ido avanzando, los RME han evolucionado para integrarse con otros sistemas, como las bases de datos farmacéuticas, los laboratorios o los sistemas de diagnóstico médico por imagen. Esta interoperabilidad ha facilitado la comunicación y el intercambio de datos entre distintas instituciones y especialidades médicas.

4. Funciones avanzadas :
Con el tiempo, los EMR han ido incorporando funcionalidades cada vez más avanzadas, como la detección de interacciones farmacológicas, los recordatorios para la prevención o el seguimiento del paciente y las herramientas de análisis para mejorar la calidad de la atención.

5. Retos y preocupaciones :
A pesar de sus muchas ventajas, los RME no están exentos de desafíos. Se han planteado preocupaciones sobre la privacidad y la seguridad de los datos, dificultades con la interoperabilidad entre distintos sistemas y la necesidad de formación continua del personal sanitario.

6. El futuro del ISD :
Con el auge de la inteligencia artificial y la telemedicina, los RME están llamados a ser aún más sofisticados. Podrían incorporar herramientas de análisis predictivo, permitir el seguimiento de los pacientes en tiempo real o adaptarse a las consultas virtuales.

7. El impacto en el papel de los cuidadores :
El paso a la tecnología digital ha exigido la adaptación de los profesionales sanitarios. Mientras que algunos mencionaron una sensación de distanciamiento del paciente debido a la interfaz digital, otros hicieron hincapié en las oportunidades que ofrecen estas herramientas para mejorar la calidad de la atención.

El desarrollo de las historias clínicas electrónicas ha redefinido la práctica médica moderna. Aunque presentan ciertos retos, su potencial para mejorar la atención, la coordinación y la prevención es innegable. A medida que avanza la tecnología, es probable que las historias clínicas electrónicas sigan evolucionando y adaptándose a las necesidades cambiantes del ámbito médico.

Utilización de equipos médicos específicos: monitores, bombas, etc.

El uso de dispositivos médicos específicos es un aspecto fundamental de la medicina moderna. Estos equipos, que van desde monitores hasta bombas, desempeñan un papel crucial en la monitorización, el diagnóstico y el tratamiento de los pacientes. En el contexto de la medicina interna, el dominio de estos equipos es esencial para los enfermeros.

1. Monitores médicos :

   Monitores de constantes vitales: controlan parámetros esenciales como la tensión arterial, el pulso, la saturación de oxígeno y la temperatura, de forma continua o a intervalos regulares. Estos monitores permiten detectar rápidamente variaciones y anomalías.

   Electrocardiogramas (ECG): Registran la actividad eléctrica del corazón, lo que resulta esencial para detectar arritmias u otras anomalías cardiacas.

   Monitores capnográficos: miden el nivel de dióxido de carbono exhalado, lo que resulta especialmente útil durante la sedación o la anestesia.

2. Bombas e infusiones :

   Bombas de infusión: Se utilizan para la administración controlada y precisa de fármacos o soluciones. Controlar su funcionamiento es esencial para evitar la sobredosificación o la infradosificación.

   Bombas de nutrición enteral: administran alimentos directamente en el estómago o el intestino a los pacientes que no pueden comer por vía oral.

   Bombas de insulina: Para los pacientes diabéticos, estas bombas administran una cantidad precisa de insulina, adaptada a las necesidades del paciente.

3. Equipo de respiración :

Oxigenoterapia: se utilizan dispositivos como cánulas nasales o máscaras de oxígeno para administrar oxígeno a los pacientes que lo necesiten.

Ventiladores: Para pacientes incapaces de respirar por sí mismos o que requieren asistencia respiratoria.

4. Equipo de diagnóstico :

Espirometros: Miden la capacidad pulmonar y son esenciales para diagnosticar afecciones como el asma o la EPOC.

Tensiómetros: Se utilizan para medir la tensión arterial, un indicador crucial de la salud cardiovascular.

5. Otros equipos de uso común :

Desfibriladores: Imprescindibles en caso de parada cardiaca, administran una descarga eléctrica para intentar restablecer un ritmo cardiaco normal.

Aspiradores médicos: Se utilizan para extraer secreciones u otros fluidos de las vías respiratorias.

Pulsómetros: Miden la frecuencia cardiaca y la saturación de oxígeno.

Es esencial que las enfermeras de medicina interna dominen este equipo. Cada equipo requiere una formación específica, tanto para su uso como para su mantenimiento. Además, la enfermera debe ser capaz de interpretar los datos que proporcionan estos aparatos, actuar con rapidez en caso de anomalía y comunicarse eficazmente con el equipo médico.

En la era tecnológica actual, los equipos médicos siguen evolucionando, haciéndose más precisos y funcionales. Por ello, el personal de enfermería debe mantenerse al día de las innovaciones de forma regular, para garantizar una atención al paciente óptima y segura.

La telemedicina y su creciente papel.

La telemedicina es una forma de medicina que utiliza las tecnologías de la información y la comunicación para proporcionar atención médica a distancia. En los últimos años, la telemedicina ha crecido exponencialmente, impulsada por los avances tecnológicos y las necesidades cambiantes de la sociedad. En la actualidad es una parte fundamental del panorama médico moderno.

1. Orígenes de la telemedicina :
Las primeras formas de telemedicina aparecieron con la invención del teléfono. Los médicos podían ofrecer consultas a distancia. Con la aparición de Internet y las tecnologías de videoconferencia, las posibilidades se han ampliado considerablemente.
2. Beneficios de la telemedicina :
   - **Acceso a la atención sanitaria:** Permite a los pacientes alejados o con movilidad reducida acceder a la atención especializada sin tener que desplazarse.
   - **Menores costes:** menos desplazamientos, menos ingresos hospitalarios y tiempos de respuesta más rápidos pueden suponer un ahorro significativo.
   - **Continuidad de los cuidados:** la televigilancia permite controlar continuamente a los pacientes crónicos y ajustar los tratamientos en tiempo real.
3. Procedimientos de telemedicina :
   - **Teleconsulta:** Paciente y médico interactúan en tiempo real a través de videoconferencia.
   - **Telemonitorización:** control a distancia de las constantes vitales y otros parámetros médicos de un paciente.
   - **Teleexperiencia:** Un médico busca la opinión de un colega especialista sobre un caso concreto.
4. El papel de las enfermeras :
Las enfermeras desempeñan un papel fundamental en la implantación de la telemedicina, sobre todo en la

monitorización a distancia. Forman a los pacientes en el uso de los equipos, interpretan los datos recogidos y alertan a los médicos de cualquier problema.

5. Retos y consideraciones éticas :

Confidencialidad: Garantizar la seguridad y confidencialidad de los datos es primordial.

Formación: El personal médico debe estar formado en el uso de las herramientas de telemedicina.

Relación médico-paciente: mantener una relación de confianza a pesar de la distancia física.

6. Perspectivas de futuro :

Con el desarrollo de la inteligencia artificial y el Internet de los objetos, la telemedicina está llamada a diversificarse e intensificarse. Herramientas como los relojes conectados podrían permitir un seguimiento aún más estrecho de los pacientes.

La telemedicina está redefiniendo la forma en que se presta la atención médica. Ofrece nuevas oportunidades, pero también nuevos retos. En este contexto tan cambiante, el papel de las enfermeras como intermediarias entre la tecnología y los pacientes es más crucial que nunca.

Capítulo 8

PREVENCIÓN
Y
SALUD
PÚBLICA

La importancia de la vacunación.

La vacunación es uno de los avances médicos más importantes y eficaces de la historia moderna. Ha evitado innumerables muertes y ha reducido la prevalencia de muchas enfermedades infecciosas que antes causaban estragos. Explorar la importancia de la vacunación requiere una comprensión profunda de sus beneficios, tanto para el individuo como para la sociedad.

1. El mecanismo de la vacunación :
La vacunación consiste en introducir en el organismo un agente infeccioso debilitado e inactivado, o parte de él, para estimular una respuesta inmunitaria. El sistema inmunológico reconoce este agente como una amenaza, desarrolla anticuerpos para combatirlo y luego recuerda esta información. Si la persona se expone más tarde a la enfermedad real, su sistema inmunológico está preparado para combatirla rápidamente.

2. Protección personal :
Prevención de enfermedades : Las vacunas protegen contra muchas enfermedades potencialmente graves e incluso mortales.

Gravedad reducida: Incluso si una persona vacunada contrae la enfermedad, la gravedad de la infección suele reducirse.

Protección de por vida: Ciertas vacunas, administradas durante la infancia, pueden ofrecer una protección que dura toda la vida.

3. Inmunidad colectiva :
Cuando una proporción suficientemente alta de la población está vacunada, resulta difícil que una enfermedad se propague. Esto protege incluso a quienes no pueden vacunarse, como las personas con ciertas contraindicaciones médicas. Esta protección global se conoce como inmunidad de rebaño.

4. Erradicación de enfermedades :
La vacunación ha permitido erradicar completamente algunas enfermedades. El caso más notable es el de la viruela, que se declaró erradicada en 1980 gracias a una campaña mundial de vacunación.

5. Reducción de los costes sanitarios :
Prevenir una enfermedad mediante la vacunación es mucho menos caro que tratarla. La vacunación ahorra enormes sumas en costes médicos y costes asociados a la pérdida de productividad.

6. Seguridad de las vacunas :
Aunque las vacunas se someten a rigurosas pruebas clínicas antes de su aprobación, su seguridad se sigue controlando una vez que están en el mercado. Los efectos secundarios graves son extremadamente raros.

7. Controversias y mitos :
Por desgracia, a pesar de sus beneficios demostrados, las vacunas son objeto de muchas ideas erróneas y desconfianza. Unas pruebas científicas sólidas son cruciales para abordar las preocupaciones de la población y garantizar una elevada cobertura de vacunación.

La vacunación es una poderosa herramienta médica que ha transformado la salud pública. Salva vidas, protege a las poblaciones y reduce la carga de las enfermedades infecciosas. En el contexto actual de globalización y viajes frecuentes, la vacunación sigue siendo una de las mejores defensas contra posibles epidemias.

Prevención de enfermedades no transmisible.

Las enfermedades no transmisibles (ENT) engloban una amplia gama de afecciones que no están causadas por una infección directa. Incluyen, entre otras, las cardiopatías, los accidentes cerebrovasculares, la diabetes, el cáncer y las enfermedades respiratorias crónicas. Dado que las ENT son responsables de la gran mayoría de las muertes en todo el mundo, su prevención es una cuestión de salud pública de primer orden. La clave reside en la concienciación, la educación y la adopción de estilos de vida saludables.

1. Comprender las causas subyacentes :
Las ENT suelen tener orígenes multifactoriales, pero algunas causas comunes son los malos hábitos alimentarios, la falta de actividad física, el tabaquismo, el consumo excesivo de alcohol y la exposición a factores medioambientales nocivos.

2. La importancia de una dieta equilibrada :
Comer sano es esencial para prevenir las ENT. Esto incluye comer fruta y verdura, limitar las grasas saturadas y trans, reducir la ingesta de sal y azúcar y preferir alimentos no procesados.

3. Promover la actividad física:
La actividad regular reduce el riesgo de varias ENT, como las enfermedades cardiacas, la diabetes de tipo 2 y ciertos tipos de cáncer. Se recomiendan al menos 150 minutos de actividad física moderada a la semana.

4. Dejar de fumar :
El tabaquismo es el principal factor de riesgo prevenible de las ENT. Los programas para dejar de fumar y las campañas de concienciación pueden ayudar a reducir la prevalencia del tabaquismo.

5. Consumo moderado de alcohol:
El consumo excesivo de alcohol puede aumentar el riesgo de enfermedades cardiacas, cirrosis hepática y ciertos tipos de cáncer. Por lo tanto, es esencial promover el consumo responsable de alcohol.

6. Prevención de la exposición nociva:
Esto puede incluir la reducción de la exposición a contaminantes atmosféricos, sustancias químicas peligrosas o radiaciones nocivas.

7. Cribado y detección precoz :

Las revisiones médicas y los cribados regulares pueden ayudar a detectar los primeros signos de las ENT, lo que permite una intervención precoz y una mejor gestión de la enfermedad.

8. Educación y concienciación:

Es esencial educar al público sobre los riesgos asociados a las ENT y promover la elección de estilos de vida saludables. Las campañas de concienciación, los programas educativos y el acceso a información fiable desempeñan un papel crucial.

9. El papel de las políticas públicas :

Unas políticas bien diseñadas pueden fomentar un entorno que apoye la prevención de las ENT. Esto puede incluir normativas sobre la publicidad del tabaco, impuestos sobre las bebidas azucaradas o la mejora de las infraestructuras para fomentar la actividad física.

10. Apoyo comunitario:

Las comunidades pueden desempeñar un papel vital en la creación de entornos que apoyen las opciones saludables, como espacios verdes para hacer ejercicio, mercados de agricultores locales o programas para dejar de fumar.

La prevención de las ENT requiere un enfoque holístico que combine esfuerzos individuales, comunitarios y políticos. Una mayor concienciación y la adopción de comportamientos saludables pueden reducir significativamente la carga de estas enfermedades sobre los individuos y la sociedad.

Educación sanitaria.

La educación sanitaria es un proceso cuyo objetivo es que las personas adquieran los conocimientos, las habilidades y las actitudes necesarias para tomar decisiones informadas sobre su salud. Esto incluye la comprensión de cómo las elecciones de estilo de vida, los comportamientos y el entorno afectan a la salud, así como la capacidad de actuar de forma proactiva para mejorar y mantener un estado óptimo de bienestar. La educación sanitaria desempeña un papel esencial en la promoción de una vida sana y la prevención de enfermedades.

1. Fundamentos de la educación sanitaria :
   Objetivos: La educación sanitaria pretende mejorar los conocimientos, cambiar las actitudes e influir positivamente en los comportamientos relacionados con la salud.
   Principios: Basada en pruebas, debe adaptarse a la edad, la cultura y el nivel educativo de las personas.
2. Temas tratados :
   Nutrición y alimentación sana
   Actividad física
   Higiene personal
   Salud mental y bienestar emocional
   Prevención de adicciones (tabaco, alcohol, drogas)
   Salud reproductiva y sexualidad
   Seguridad y prevención de accidentes
3. Metodologías :
   Enfoque participativo: implicar activamente a los participantes en el proceso de aprendizaje.
   Demostraciones prácticas: mostrar técnicas o habilidades específicas.
   Debates en grupo: intercambio de experiencias e ideas.
   Estudios de casos: Analizar situaciones reales para aprender de ellas.
   Multimedia: Utilice vídeos, aplicaciones o juegos educativos para hacer más atractivo el aprendizaje.
4. La importancia de la evaluación :
La evaluación periódica de la eficacia de los programas de educación sanitaria es esencial para garantizar que

satisfacen las necesidades de los participantes y alcanzan sus objetivos.

5. Los retos de la educación sanitaria :

- Combatir la desinformación y los mitos sobre la salud.
- Adaptar los programas a una amplia gama de públicos.
- Garantizar que la información sea accesible para todos.

6. La educación sanitaria en diferentes contextos :

- **Escuelas:** Incorporar la educación sanitaria a los programas escolares.
- **Comunidades:** Organizar talleres y seminarios para sensibilizar a la población local.
- **Hospitales y clínicas:** Proporcionar información a los pacientes sobre la gestión de su salud y sus enfermedades.
- **Lugares de trabajo:** Promover la salud y el bienestar de los empleados.

7. La evolución de la educación sanitaria :

Con la llegada de Internet y los medios sociales, el acceso a la información sanitaria es mayor que nunca. Sin embargo, esto también presenta el riesgo de la desinformación. Por lo tanto, los educadores sanitarios deben estar a la vanguardia de la tecnología, manteniendo al mismo tiempo un enfoque crítico y basado en pruebas.

8. La importancia de la colaboración :

La educación sanitaria es más eficaz cuando se lleva a cabo en colaboración con otros agentes, como profesionales sanitarios, educadores, responsables políticos y comunidades.

La educación sanitaria es una herramienta poderosa para capacitar a las personas a tomar el control de su salud y su bienestar. Requiere un enfoque multidimensional, adaptado a las necesidades de cada individuo, y debe actualizarse constantemente para seguir siendo pertinente en nuestro mundo en rápida evolución.

Capítulo 9

PATOLOGÍAS COMUNES EN MEDICINA INTERNA

Enfermedades autoinmunes.

Las enfermedades autoinmunes son afecciones complejas en las que el sistema inmunológico, que normalmente está diseñado para proteger al organismo de infecciones y otras amenazas externas, se vuelve contra sí mismo, atacando tejidos y órganos sanos. Este mal uso del sistema inmunitario puede tener consecuencias devastadoras, afectando prácticamente a cualquier órgano o sistema del cuerpo.

1. Comprender la autoinmunidad :
  - **Cómo funciona el sistema inmunitario:** En circunstancias normales, el sistema inmunitario reconoce y elimina los agentes patógenos, al tiempo que tolera los componentes del yo. En las enfermedades autoinmunes, esta distinción se difumina.
  - **Antígenos frente a autoantígenos: Mientras que** los antígenos extraños normalmente desencadenan la respuesta inmunitaria, los autoantígenos, que forman parte del yo, también pueden convertirse en el objetivo.
2. Tipos comunes de enfermedades autoinmunes :
  - Artritis reumatoide: Afecta a las articulaciones.
  - **Lupus eritematoso sistémico:** Puede afectar a muchos órganos.
  - **Esclerosis múltiple:** Ataca al sistema nervioso central.
  - **Diabetes de tipo 1:** La destrucción de las células beta del páncreas provoca una falta de insulina.
  - **Enfermedad celíaca:** Reacción a la gliadina, un componente del gluten.
  - Tiroiditis de Hashimoto: Afecta a la glándula tiroides.
  - **Síndrome de Sjögren:** Afecta a las glándulas exocrinas, en particular a las que producen lágrimas y saliva.

3. Causas y factores de riesgo :

Genética: Los antecedentes familiares pueden aumentar el riesgo.

Medio ambiente: Las infecciones víricas, ciertos medicamentos y otros factores ambientales pueden desencadenar enfermedades autoinmunes en individuos susceptibles.

Hormonas: Las mujeres se ven afectadas con mayor frecuencia, lo que sugiere un papel de las hormonas sexuales.

4. Síntomas y diagnóstico :

Los síntomas varían mucho en función de la enfermedad y de los órganos afectados. Sin embargo, la fatiga, el dolor articular y la inflamación son comunes.

El diagnóstico se basa en los síntomas clínicos, los análisis de sangre (para detectar autoanticuerpos) y, a veces, las biopsias de tejido.

5. Tratamiento y gestión :

Inmunosupresores: medicamentos que reducen la actividad del sistema inmunitario.

Tratamientos sintomáticos: como antiinflamatorios para reducir el dolor.

Terapias dirigidas: Medicamentos dirigidos a vías específicas del sistema inmunitario.

Educación terapéutica: Los pacientes aprenden a controlar su enfermedad y a reconocer los signos de una recaída.

6. La investigación y el futuro :

Periódicamente se realizan progresos en la comprensión de estas enfermedades, lo que conduce a nuevos tratamientos y enfoques terapéuticos más personalizados.

Las enfermedades autoinmunes son un reto tanto para los profesionales sanitarios como para los pacientes. La investigación y la gestión multidisciplinar son esenciales para mejorar la calidad de vida de los afectados y avanzar hacia soluciones curativas.

Trastornos metabólicos.

Los trastornos metabólicos engloban una amplia gama de patologías derivadas de anomalías en el metabolismo, es decir, los procesos por los que nuestro cuerpo produce, utiliza o almacena energía. Estas enfermedades pueden ser hereditarias, resultado de un defecto genético, o adquiridas, como consecuencia de factores ambientales, la dieta u otras enfermedades.

1. Introducción a los metabolismos :
   - **Definición de metabolismo:** Todas las reacciones químicas que tienen lugar dentro de una célula u organismo para producir energía y construir o descomponer moléculas.
   - **Catabolismo frente a anabolismo:** El catabolismo descompone las moléculas grandes para producir energía, mientras que el anabolismo utiliza esta energía para construir moléculas complejas.
2. Trastornos metabólicos comunes :
   - **Diabetes:** Anomalía en la regulación del azúcar en sangre, debida principalmente a una deficiencia o resistencia a la insulina.
   - **Hipercolesterolemia:** Concentración excesiva de colesterol en la sangre, a menudo relacionada con la dieta o con factores genéticos.
   - **Gota:** Acumulación de ácido úrico en la sangre, que puede cristalizar en las articulaciones.
   - **Enfermedades metabólicas hereditarias:** Por ejemplo, la fenilcetonuria, una incapacidad para metabolizar el aminoácido fenilalanina.
3. Causas de los trastornos metabólicos :
   - **Factores genéticos: Las** mutaciones genéticas pueden afectar a enzimas clave, alterando las vías metabólicas.
   - **Factores ambientales:** dieta, falta de ejercicio, exposición a ciertas sustancias tóxicas.

Interacciones medicamentosas: Ciertos medicamentos pueden interferir con el metabolismo.

4. Síntomas y diagnóstico :

Los síntomas varían considerablemente en función del trastorno específico y pueden incluir fatiga, dolor, aumento o pérdida de peso, anomalías cutáneas y mucho más.

Para diagnosticar trastornos metabólicos suelen utilizarse análisis de sangre, orina y, en ocasiones, pruebas genéticas.

5. Tratamiento y gestión :

Intervenciones dietéticas: Algunos trastornos requieren una dieta estricta para evitar ciertos nutrientes.

Medicación: Para regular el metabolismo, como los hipoglucemiantes orales o la insulina para la diabetes.

Terapias enzimáticas: En algunos casos, es posible suministrar la enzima deficiente.

6. Prevención y educación :

Una dieta equilibrada, el ejercicio regular y limitar la exposición a las toxinas pueden ayudar a prevenir muchos trastornos metabólicos.

Los pacientes con trastornos metabólicos hereditarios suelen beneficiarse de la educación terapéutica para controlar su afección.

7. Investigación y perspectivas de futuro :

Se han logrado avances significativos en la comprensión de las bases moleculares y genéticas de los trastornos metabólicos. Las terapias génicas, las biotecnologías y una mejor comprensión de las vías metabólicas están abriendo vías apasionantes para tratamientos más específicos y eficaces.

Los trastornos metabólicos constituyen un campo amplio y diverso de la medicina, que requiere un tratamiento específico. Con el desarrollo de la investigación y la tecnología, se espera que muchos trastornos metabólicos puedan tratarse mejor, o incluso curarse, en el futuro.

Enfermedades infecciosas y tropicales.

Las enfermedades infecciosas y tropicales representan un amplio grupo de patologías causadas por agentes infecciosos como bacterias, virus, parásitos y hongos. Muchas enfermedades tropicales son específicas de determinadas regiones del mundo, generalmente regiones cálidas y húmedas. Estas enfermedades suelen estar asociadas a condiciones socioeconómicas desfavorables, a problemas de higiene y a la ausencia de sistemas sanitarios sólidos.

1. Introducción a las enfermedades infecciosas :
    Transmisión: Los modos de transmisión varían: por el aire, gotitas, agua, alimentos, insectos, contacto sexual, sangre.
    Los principales agentes infecciosos: bacterias, virus, parásitos, hongos.
2. Principales enfermedades tropicales :
    Paludismo: Transmitido por la picadura de mosquitos infectados, se caracteriza por episodios de fiebre y escalofríos.
    Dengue: Otra enfermedad transmitida por mosquitos, que provoca fiebre alta y dolores musculares y articulares.
    Fiebre amarilla: Enfermedad vírica potencialmente mortal transmitida también por mosquitos.
    Enfermedad del sueño: Causada por parásitos transmitidos por la mosca tsetsé.
3. Epidemias recientes :
    Ébola: Un virus altamente contagioso y a menudo mortal.

Zika: Este virus es generalmente benigno en adultos, pero puede causar defectos congénitos en el feto si una mujer embarazada está infectada.

4. Diagnóstico y síntomas :

Los síntomas varían mucho de una enfermedad a otra. Pueden incluir fiebre, erupciones cutáneas, dolores musculares y articulares.

El diagnóstico se basa generalmente en análisis de sangre, muestras o cultivos.

5. Procesamiento :

Medicamentos antiparasitarios: Para enfermedades como la malaria.

Antibióticos: Para tratar las infecciones bacterianas.

Vacunas: Algunas, como la de la fiebre amarilla, son imprescindibles para viajar a determinadas regiones.

6. Prevención :

Protección contra los mosquitos (mosquiteras, repelentes, ropa adecuada).

Vacunación contra determinadas enfermedades.

Acceso a agua potable y a buenas instalaciones sanitarias.

7. Retos actuales :

Resistencia a los fármacos: Por ejemplo, algunas cepas de malaria son ahora resistentes a los tratamientos estándar.

Rápida urbanización: Aumenta el riesgo de propagación de enfermedades.

Cambio climático: Puede ampliar los hábitats de vectores como los mosquitos.

8. Investigación y perspectivas de futuro :

Se buscan constantemente nuevos medicamentos y vacunas para combatir estas enfermedades. La telemedicina y el uso de la tecnología para vigilar y predecir las epidemias también van en aumento.

Las enfermedades infecciosas y tropicales siguen siendo un gran reto para la salud mundial, sobre todo en las regiones con recursos limitados. Una combinación de investigación, educación, prevención y mejora de las infraestructuras es esencial para reducir el impacto de estas enfermedades.

Capítulo 10

ENFOQUES HOLÍSTICOS Y COMPLEMENTARIOS

Terapias alternativas en medicina interna.

Las terapias alternativas, también conocidas como medicina complementaria y alternativa (MCA), hacen referencia a una amplia gama de prácticas y tratamientos que no forman parte de la medicina convencional, sino que se utilizan como complemento o alternativa a ésta. En medicina interna, estos enfoques pueden utilizarse para tratar o aliviar diversos síntomas o afecciones.

1. Introducción a las terapias alternativas :
    Definición y diferenciación: ¿En qué se diferencian estas terapias de la medicina convencional?
    Beneficios y riesgos: ¿Por qué algunos pacientes y profesionales recurren a estos métodos?
2. Fitoterapia :
    Uso de plantas medicinales: Por ejemplo, la hierba de San Juan para la depresión leve o el ginkgo biloba para mejorar la memoria.
    Formas disponibles: tinturas, polvos, cápsulas, infusiones.
3. Acupuntura :
    Principios básicos: Equilibrar el qi o energía vital a través de puntos específicos del cuerpo.
    Aplicaciones: Tratamiento del dolor, cefaleas, hipertensión arterial.
4. Homeopatía :
    Teoría de "lo semejante se cura con lo semejante": Utilizar sustancias que provocan síntomas en un individuo sano para tratar los mismos síntomas en un paciente.
    Dilución y potenciación: Los remedios suelen estar muy diluidos.
5. Quiropráctica :
    Centrarse en la columna vertebral: Ajustes manuales para tratar problemas musculoesqueléticos.

Aplicaciones : Dolores de espalda, dolores de cabeza, dolores articulares.

6. Técnicas de meditación y relajación :

Meditación de atención plena, yoga, tai chi: para reducir el estrés y mejorar el bienestar general.

Aplicaciones: Hipertensión, trastornos del estado de ánimo, trastornos del sueño.

7. Enfoques nutricionales :

Dietas específicas: Por ejemplo, la dieta mediterránea para la salud del corazón o las dietas antiinflamatorias.

Suplementos : Vitaminas, minerales, ácidos grasos esenciales.

8. Integración de terapias alternativas :

Enfoque holístico: tener en cuenta al paciente en su totalidad: físico, emocional y social.

Comunicación con los médicos: discutir los beneficios y riesgos de estas terapias, asegurándose de que no interfieren con los tratamientos convencionales.

9. Investigación y pruebas :

Nivel de evidencia: Mientras que algunas terapias han sido ampliamente estudiadas, otras carecen de pruebas sólidas.

Crítica y controversia: Escepticismo sobre la eficacia y seguridad de ciertas terapias.

Aunque las terapias alternativas ofrecen opciones adicionales para el manejo del paciente, es esencial que estos métodos se utilicen con criterio, como complemento de la atención médica convencional y tras consultar a un profesional sanitario.

La importancia de la nutrición.

La nutrición, como ciencia de los alimentos y su impacto en la salud, desempeña un papel central en el mantenimiento de nuestro bienestar, la prevención de muchas enfermedades y la ayuda a curarnos. En el campo de la medicina interna, comprender la nutrición es crucial, ya que influye directamente en el desarrollo de muchas condiciones patológicas.

La esencia de la nutrición :
La nutrición no es sólo el acto de comer, sino proporcionar a nuestro cuerpo los elementos esenciales (nutrientes) que necesita para funcionar correctamente. Esto incluye proteínas, carbohidratos, grasas, vitaminas, minerales y agua.
1. Nutrición y prevención :

Enfermedades cardiovasculares: Una dieta equilibrada rica en fruta, verdura y ácidos grasos omega-3 puede reducir el riesgo de enfermedades cardiacas.

Diabetes: Mantener una dieta equilibrada ayuda a regular los niveles de azúcar en sangre y a prevenir la diabetes de tipo 2.

Osteoporosis: Una dieta rica en calcio y vitamina D es esencial para la salud ósea.

2. La nutrición y el sistema inmunológico :
La nutrición desempeña un papel clave en el fortalecimiento del sistema inmunológico. Micronutrientes como las vitaminas C y E, el zinc y los antioxidantes son esenciales para una inmunidad óptima.
3. Peso y metabolismo :

Obesidad: Una dieta desequilibrada, rica en azúcares y grasas saturadas, es una de las principales causas de obesidad.

Trastornos metabólicos: Los desequilibrios nutricionales pueden provocar afecciones como el hipotiroidismo.

4. La nutrición en el proceso de curación :

Los pacientes en proceso de recuperación tienen necesidades nutricionales específicas para favorecer la reparación de los tejidos, combatir las infecciones y recuperar la energía.

5. Malnutrición y carencias :

En ciertas afecciones médicas, el organismo no puede absorber los nutrientes correctamente, lo que provoca carencias que pueden empeorar la enfermedad.

6. Trastornos alimentarios:

La medicina interna también trata trastornos alimentarios como la anorexia o la bulimia, en los que la nutrición está en el centro tanto del problema como de la solución.

7. Aspectos psicológicos de la alimentación :

Comer no es sólo una cuestión física. Las elecciones alimentarias pueden verse influidas por el estado de ánimo, el estrés y otros factores psicológicos.

8. Interacciones medicamentosas :

Algunos medicamentos pueden interactuar con los alimentos, afectando a su absorción o eficacia. Comprender estas interacciones es crucial en medicina interna.

9. Nutrición personalizada:

Con los avances de la genética, la medicina avanza hacia un enfoque más personalizado, que incluye una nutrición basada en el perfil genético del individuo.

La importancia de la nutrición en medicina interna es innegable. Influye en la prevención, el desarrollo, el tratamiento y la curación de muchas enfermedades. Por ello, un conocimiento profundo de la nutrición es esencial para todos los profesionales sanitarios.

Tratamiento del dolor.

El tratamiento del dolor es una de las principales preocupaciones de la medicina interna, dado el considerable impacto del dolor en la calidad de vida del paciente. Abordar el dolor requiere un enfoque integral, ya que puede ser multifactorial y combinar elementos fisiológicos, psicológicos y sociales.

1. Comprender el dolor :
    Definición y tipos : Diferencie entre dolor agudo y crónico, nociceptivo y neuropático.
    Mecanismos del dolor: cómo percibe, transmite y reacciona el organismo ante el dolor.
2. Evaluación del dolor :
    Escalas de evaluación: Herramientas como la escala analógica visual (EAV) para cuantificar el dolor.
    Historial del caso: recopile información sobre la duración, el lugar, el tipo y los factores desencadenantes o atenuantes.
3. Enfoques farmacológicos :
    Analgésicos: Paracetamol, antiinflamatorios no esteroideos (AINE), opiáceos.
    Medicación coadyuvante: Antidepresivos, anticonvulsivos, relajantes musculares, para ciertos dolores específicos.
    Consideraciones: Sopese los beneficios frente a los riesgos, especialmente con fármacos como los opiáceos.
4. Terapias no farmacológicas :
    Fisioterapia: Ejercicio, ultrasonidos, terapia manual.
    Terapias cognitivo-conductuales: ayudar a los pacientes a cambiar su percepción del dolor.
    Técnicas de relajación: meditación, respiración profunda, biorretroalimentación.
    Procedimientos intervencionistas: bloqueos nerviosos, inyecciones, neuroestimulación.

5. Dolor crónico :

Complejidad: Reconocer el impacto psicológico, emocional y físico.

Enfoques multidisciplinares: Combinación de tratamientos médicos, físicos y psicológicos.

6. Tratamiento del dolor en poblaciones específicas :

Pacientes de edad avanzada: Consideraciones relativas al metabolismo de los fármacos y la polifarmacia.

Pacientes con enfermedades crónicas: Por ejemplo, dolor asociado a la artritis o al cáncer.

Niños: Evaluación y tratamiento adecuados a la edad.

7. Retos del tratamiento del dolor :

Resistencia al tratamiento: Encontrar soluciones cuando el dolor no responde a los tratamientos habituales.

Dependencia y sobredosis: Especialmente con el uso de opiáceos.

Consideraciones culturales: Respetar y comprender cómo perciben y expresan el dolor las diferentes culturas.

8. El futuro del tratamiento del dolor :

Investigación: Nuevos fármacos, técnicas y enfoques en desarrollo.

Telemedicina: gestión a distancia, aplicaciones y herramientas digitales.

El tratamiento del dolor es un área compleja y en constante evolución de la medicina interna. Un tratamiento eficaz requiere una combinación de enfoques adaptados a cada paciente, teniendo en cuenta la naturaleza y la gravedad de su dolor, así como sus necesidades y preferencias individuales.

Capítulo 11

EL ENTORNO DE TRABAJO

Seguridad y prevención de accidentes.

La seguridad y la prevención de accidentes son primordiales en el contexto médico, y en particular en la medicina interna. Garantizar un entorno seguro no sólo preserva la salud y el bienestar de los pacientes, sino que también protege al personal médico de posibles riesgos.

1. Comprender los riesgos :
   Naturaleza de los riesgos: Físicos, químicos, biológicos, radiológicos.
   Fuentes de riesgo: equipos médicos, dispositivos eléctricos, agentes infecciosos, fármacos, los propios pacientes.
2. Medidas preventivas :
   Formación del personal: Cursos regulares sobre seguridad, gestos y posturas, y manipulación de productos sanitarios.
   Protocolos estrictos: Procedimientos establecidos para cada operación, desde la simple toma de muestras hasta la cirugía compleja.
3. Seguridad física de los pacientes :
   Prevención de caídas: Disposición del mobiliario, suelos antideslizantes, ayudas a la movilidad.
   Seguridad en la cama: Uso de barreras, supervisión regular, alarmas.
4. Manipulación segura de los medicamentos :
   Almacenamiento: Armarios seguros, acceso restringido.
   Administración: Doble comprobación, uso de equipos automatizados para evitar sobredosis.
5. Equipos médicos y seguridad :
   Mantenimiento: Comprobaciones periódicas, actualizaciones y sustitución en caso necesario.
   Uso: Formación específica para cada equipo, cumplimiento de las instrucciones.

6. Prevención de infecciones :

Higiene estricta: lavarse las manos, utilizar guantes, mascarillas y gafas protectoras.

Aislamiento: pacientes contagiosos en habitaciones individuales, protocolos específicos para enfermedades altamente infecciosas.

7. Gestión de residuos médicos :

Clasificación: por tipo de residuos (punzantes, infecciosos, químicos).

Eliminación: Incineración, tratamiento específico para determinados tipos de residuos.

8. Prevención de errores médicos :

Comunicación: Fomentar el diálogo entre profesionales, garantizar la transmisión de la información.

Historiales médicos: Actualizados regularmente, de fácil acceso para el personal de enfermería.

9. Planificación de emergencias :

Escenarios: Identifique posibles situaciones de emergencia (incendios, evacuaciones, atentados).

Respuestas: Protocolos de actuación, formación de equipos, ejercicios regulares.

10. Cultura de seguridad :

Retroalimentación: Analice los incidentes, incluso los menores, para aprender de ellos.

Promoción activa: Fomentar una actitud proactiva hacia la seguridad, en la que cada miembro del personal se sienta responsable.

En medicina interna, como en todos los campos de la medicina, la seguridad y la prevención de accidentes son fundamentales. Aplicando protocolos rigurosos, formando regularmente al personal e inculcando una cultura en la que se valore la seguridad, los riesgos pueden reducirse considerablemente, en beneficio de todos.

La disposición de los servicios medicina interna.

La distribución de los departamentos de medicina interna es esencial para garantizar una atención óptima a los pacientes y un flujo de trabajo fluido para el equipo médico. Además de satisfacer las complejas necesidades médicas de los pacientes, estas distribuciones deben fomentar la colaboración entre los profesionales sanitarios, garantizando al mismo tiempo la seguridad y el bienestar de los pacientes y del personal.

1. Área de recepción y evaluación :
   Área de recepción: Una cálida bienvenida para los pacientes y sus familiares.
   Despachos de consulta: Salas bien iluminadas y equipadas para las evaluaciones iniciales.
2. Habitaciones de pacientes :
   Disposición: Garantizar la privacidad al tiempo que se permite la vigilancia médica.
   Instalaciones : Camas médicas, monitores, puntos de oxígeno y otras necesidades.
   Confort: iluminación adecuada, mobiliario para los visitantes, opciones de personalización.
3. Áreas de atención especializada :
   Habitaciones de aislamiento : Para pacientes contagiosos o inmunodeprimidos.
   Unidades de cuidados intensivos: Para pacientes que requieren una mayor vigilancia.
4. Zonas de trabajo para el personal :
   Puestos de cuidados: áreas dedicadas a la preparación de medicamentos, el mantenimiento de registros y la coordinación de los cuidados.
   Salas de descanso: Lugares donde el personal puede relajarse y recargar las pilas.

5. Salas de procedimiento y examen :

Equipamiento de última generación: Para una amplia gama de procedimientos, desde la gastroscopia hasta la punción lumbar.

Disposición: fácil acceso, flujo de trabajo lógico.

6. Salas de formación y de reuniones :

Salas de conferencias: Para formación, reuniones de equipo y debates con las familias.

Tecnología: equipo audiovisual, pizarra blanca, conexión a Internet.

7. Zonas de higiene y esterilización :

Lavabos: Para lavarse las manos y desinfectarse.

Zonas de esterilización: Para instrumental médico.

8. Espacio de almacenamiento :

Farmacia: almacenamiento seguro de medicamentos.

Almacenamiento de equipos: Almacenamiento organizado de suministros médicos, consumibles y equipos.

9. Zonas de espera :

Confort: Asientos cómodos, distracciones como revistas o pantallas.

Información: Tableros, pantallas que muestran el estado de los pacientes o anuncios importantes.

10. Instalaciones auxiliares :

Cafeterías y comedores: Para pacientes, familiares y personal.

Espacios verdes o patios: Para una pausa al aire libre, un momento de relajación.

El diseño de los departamentos de medicina interna debe pensarse para satisfacer las necesidades únicas de esta especialidad. Es un equilibrio entre crear un entorno curativo para los pacientes y proporcionar un espacio funcional para el personal. Centrándose en la comodidad, la seguridad y la eficiencia, un departamento de medicina interna puede ofrecer una atención de calidad y promover al mismo tiempo el bienestar de todos sus ocupantes.

Los retos de la movilidad de los pacientes y ergonomía para el personal.

La movilidad de los pacientes y la ergonomía del personal son elementos cruciales en medicina interna, o en cualquier entorno sanitario. Influyen no sólo en el bienestar y la seguridad de los pacientes, sino también en la comodidad, la eficacia y la salud a largo plazo de los cuidadores.

Movilidad del paciente:
La movilidad desempeña un papel clave en la recuperación. Los pacientes postrados en cama durante demasiado tiempo pueden desarrollar una serie de complicaciones, como úlceras por presión, atrofia muscular y trombosis venosa profunda.
1. Desafíos :
   - **Limitaciones físicas:** Ciertas enfermedades pueden afectar a la movilidad, ya sea por dolor, debilidad o déficits neurológicos.
   - **Seguridad:** El riesgo de caídas puede disuadir al personal de fomentar la movilidad.
   - **Falta de equipamiento:** Equipos como andadores o sillas de ruedas pueden ser inadecuados o inapropiados.
   - **Entorno:** Un espacio restringido o desordenado puede dificultar el movimiento.

Ergonomía para el personal:
La ergonomía trata de cómo interactúan los trabajadores con su entorno laboral. Una mala ergonomía puede provocar lesiones, fatiga y otros problemas de salud.

2. Desafíos :

Manipulación de pacientes: Levantar, mover o ayudar a los pacientes puede ser físicamente exigente y aumentar el riesgo de lesiones musculoesqueléticas.

Equipamiento inadecuado: Las camas, sillas u otro equipamiento no ergonómico pueden causar estrés o lesiones.

Posturas incómodas: La enfermería implica a menudo agacharse, ponerse en cuclillas o mantener una postura durante largos periodos.

Alta velocidad: El rápido ritmo de trabajo y el estrés pueden exacerbar los problemas asociados a una mala ergonomía.

Soluciones:

Formación: Forme al personal en técnicas para levantar y mover a los pacientes de forma segura.

Equipamiento adaptado: Invierta en camas ajustables, grúas para pacientes y otras herramientas que faciliten la movilidad.

Disposición: diseñar espacios de trabajo que reduzcan al mínimo la necesidad de movimientos repetitivos o posturas incómodas.

Pausas y rotación: rote las tareas y haga pausas regulares para evitar la sobrecarga física.

Centrarse en la movilidad de los pacientes y la ergonomía del personal no sólo tiene que ver con el bienestar, sino también con la seguridad y la eficiencia. Al abordar estos retos, las organizaciones sanitarias pueden mejorar la calidad de la atención, aumentar la satisfacción de los pacientes y del personal y reducir los costes asociados a las lesiones y las ausencias.

Capítulo 12

GESTIÓN
SITUACIONES
ESPECÍFICAS

Pacientes polipatológicos.

Los pacientes polipatológicos, también conocidos como pacientes polimórbidos o pluripatológicos, son aquellos que padecen varias enfermedades crónicas o agudas al mismo tiempo. Estos pacientes requieren cuidados específicos, ya que la combinación de sus enfermedades puede provocar complicaciones, influir en las opciones terapéuticas y hacer más complejo el tratamiento general.

Características de los pacientes polipatológicos :
Presencia simultánea de varias afecciones: Estas afecciones pueden ser crónicas, como la diabetes, la hipertensión o la enfermedad pulmonar obstructiva crónica, o agudas, como una infección o una fractura.

Interacciones entre medicamentos: Tomar medicamentos para diferentes afecciones al mismo tiempo puede dar lugar a interacciones, aumentando el riesgo de reacciones adversas.

Complejidad del seguimiento: El seguimiento de varias afecciones puede requerir consultas regulares con diferentes especialistas y la coordinación entre ellos.

Retos de la atención :
Evaluación global: Es crucial comprender cómo influye cada afección en las demás, lo que requiere una evaluación holística.

Planificación del tratamiento: La elección de fármacos e intervenciones debe tener en cuenta todas las afecciones, evitando interacciones y contraindicaciones.

Seguimiento estrecho: Estos pacientes pueden requerir un seguimiento más frecuente para controlar la evolución de sus afecciones y ajustar el tratamiento en consecuencia.

Comunicación interdisciplinar: La comunicación eficaz entre los profesionales sanitarios es esencial para garantizar una atención coordinada.

El papel de la enfermera con pacientes polipatológicos :

Educación del paciente: Las enfermeras pueden desempeñar un papel clave en la educación de los pacientes sobre sus diversas afecciones y los tratamientos asociados.

Vigilancia: Las enfermeras deben estar atentas a los signos de descompensación o a las interacciones entre medicamentos.

Coordinación de los cuidados: La enfermera puede ayudar a coordinar las consultas y las intervenciones, asegurándose de que todos los cuidadores estén al corriente de todas las afecciones del paciente.

Apoyo emocional: Los pacientes polipatológicos pueden sentirse ansiosos o deprimidos por la complejidad de su situación. Las enfermeras pueden ofrecer apoyo emocional y remitir a los pacientes a los recursos adecuados.

El manejo de los pacientes polipatológicos es un reto en medicina interna, que requiere un enfoque integral y coordinado. Las enfermeras desempeñan un papel central en esta atención, ofreciendo tanto cuidados clínicos como apoyo emocional a estos pacientes.

Atención a pacientes ancianos.

El manejo de los pacientes ancianos en medicina interna es un tema esencial, dado el aumento de la población anciana en muchas partes del mundo. Los pacientes ancianos presentan retos únicos debido a la complejidad de sus necesidades médicas, la frecuente presencia de comorbilidades y los aspectos psicosociales asociados al envejecimiento.

Características de los pacientes ancianos :

Patología múltiple: Muchos pacientes ancianos sufren varias afecciones al mismo tiempo.

Vulnerabilidad física: Con la edad, el cuerpo se vuelve más vulnerable a infecciones, lesiones y complicaciones.

Función cognitiva reducida: Algunos pacientes pueden mostrar signos de demencia u otros trastornos cognitivos.

Aspectos psicosociales: el aislamiento, la depresión, la dependencia o la pérdida de autonomía pueden influir en su estado de salud.

Retos de la atención :

Enfoque global: La complejidad de las necesidades requiere una evaluación global, no sólo de las condiciones obvias.

Interacciones medicamentosas: Tomar varios medicamentos al mismo tiempo puede aumentar el riesgo de interacciones y efectos secundarios.

Consideraciones psicosociales: Factores como el aislamiento o la depresión pueden afectar a la recuperación y deben abordarse.

Comunicación: Las deficiencias auditivas, visuales o cognitivas pueden dificultar una comunicación eficaz.

El papel de la enfermera con los pacientes ancianos :

Evaluación holística: Más allá de las necesidades médicas, la enfermera evalúa las necesidades sociales, emocionales y funcionales.

Educación y apoyo: Explicar los tratamientos, ayudar con la gestión de la medicación y ofrecer apoyo para el autocuidado.

Prevención de caídas: Aplicación de estrategias para minimizar el riesgo de caídas, un problema común entre las personas mayores.

Enlace con las familias: Comunicación con los familiares para garantizar el apoyo en casa y una comprensión clara de la situación médica.

Soluciones específicas :

Geriatría integrada: trabajar con geriatras para centrarse en el paciente anciano.

Adaptaciones : Utilización de herramientas como audífonos o gafas de lectura a la hora de comunicarse.

Medicación: Evalúe periódicamente la idoneidad y seguridad de toda la medicación prescrita.

El cuidado de los pacientes ancianos en medicina interna requiere sensibilidad, experiencia y un enfoque holístico. Las enfermeras, al estar al frente de los cuidados, desempeñan un papel fundamental para garantizar que estos pacientes reciban una atención adecuada, respetuosa y coordinada.

Pacientes con necesidades especiales (discapacidades, trastornos psiquiátricos).

La atención a pacientes con necesidades especiales, como los discapacitados o los que padecen trastornos psiquiátricos, requiere una sensibilidad particular y un enfoque adaptado. Estos pacientes pueden requerir cuidados y atención especiales, sobre todo en el contexto de la medicina interna, donde también pueden tener afecciones médicas concomitantes.

Características de los pacientes con necesidades especiales :

Diversidad de necesidades: El espectro de discapacidades y trastornos psiquiátricos es muy amplio y abarca desde discapacidades físicas hasta trastornos del estado de ánimo, de ansiedad o psicóticos.

Comorbilidades médicas: Estos pacientes también pueden tener afecciones médicas que requieran tratamiento en medicina interna.

Barreras de comunicación: Los pacientes pueden tener dificultades para comunicar sus necesidades, sentimientos o síntomas, ya sea debido a una discapacidad cognitiva o sensorial o a un trastorno psiquiátrico.

Retos de la atención :

Enfoque individualizado: Cada paciente es único y requiere un enfoque adaptado a sus necesidades específicas.

Comunicación adaptada: Puede ser necesario utilizar métodos de comunicación alternativos o adaptados, como el lenguaje de signos o ayudas visuales.

Estigma y prejuicios: Estos pacientes pueden enfrentarse a estereotipos o ideas preconcebidas que pueden influir en su atención.

El papel de la enfermera con los pacientes con necesidades especiales :

Escucha activa: Es fundamental tomarse el tiempo necesario para escuchar al paciente, comprender sus necesidades y asegurarse de que éstas se tienen en cuenta.

Adaptar los cuidados: Esto puede implicar modificar el entorno, las herramientas o las técnicas para garantizar que el paciente se sienta cómodo y seguro.

Enlace con especialistas: Trabajar con especialistas, como psiquiatras, terapeutas o trabajadores sociales, para proporcionar una atención integral.

Educación y apoyo: Proporcionar información clara y accesible sobre el tratamiento y ofrecer apoyo emocional.

Soluciones específicas :

Formación continua: Las enfermeras pueden beneficiarse de una formación específica para comprender y satisfacer mejor las necesidades de los pacientes con discapacidades o trastornos psiquiátricos.

Equipamiento adaptado: Utilización de equipamiento específico para facilitar los cuidados.

Estrategias de comunicación: Desarrollar habilidades de comunicación adaptadas, basadas en las necesidades específicas del paciente.

El cuidado de pacientes con necesidades especiales en medicina interna requiere un enfoque centrado en el paciente, caracterizado por la humanidad y el respeto. Escuchando, adaptándose y colaborando con otros profesionales sanitarios, las enfermeras pueden proporcionar cuidados de calidad y mejorar significativamente la calidad de vida de estos pacientes.

Capítulo 13

GESTIÓN DEL FINAL DE LA VIDA Y CUIDADOS PALIATIVOS

La comunicación en torno al final de la vida.

Comunicar sobre el final de la vida es sin duda una de las tareas más delicadas y complejas en el ámbito médico. Requiere una gran sensibilidad, un profundo respeto por el paciente y su familia y una clara comprensión de las cuestiones médicas, éticas y personales que están en juego.

Contexto y cuestiones :
- **Un momento crucial:** el final de la vida es un momento de intensa emoción, reflexión y cuestionamiento para los pacientes, sus familias y el equipo asistencial.
- **Decisiones complejas:** Suele ser el momento en que hay que tomar decisiones importantes sobre el tratamiento, los cuidados paliativos o los deseos del paciente.
- **Emociones variadas:** El miedo, la tristeza, la ira, la resignación o incluso la esperanza pueden estar presentes, y cada individuo reacciona de forma diferente.

Principios fundamentales de la comunicación :
- **Empatía:** Ponerse en el lugar del paciente y su familia, comprender sus emociones y necesidades.
- **Honestidad:** Proporcionar información clara y veraz, sin dejar de ser sensible.
- **Escuchar:** Dar tiempo a los pacientes y sus familias para que se expresen, hagan preguntas y compartan sus sentimientos.

Consejos para una comunicación eficaz :
- **Preparación:** Antes de abordar el tema, es esencial prepararse mentalmente, reunir toda la información pertinente y elegir el momento y el lugar adecuados.

Utilice un lenguaje claro: evite la jerga médica compleja y asegúrese de que se entiende la información.

Fomente las preguntas: Dé a la familia y al paciente la oportunidad de hacer preguntas y expresar sus preocupaciones.

Validación emocional: Reconocer y validar las emociones del paciente y su familia, mostrando comprensión y apoyo.

Retos específicos :

Diferencias de opinión: A veces el paciente, la familia y el equipo médico pueden tener opiniones divergentes sobre el mejor enfoque.

Creencias y valores: Respete las creencias religiosas, culturales y personales que puedan influir en las decisiones.

Gestionar sus propias emociones: Como profesional sanitario, también es crucial reconocer y gestionar sus propias emociones al final de la vida.

La comunicación en torno al final de la vida es un arte que requiere delicadeza, paciencia y un profundo respeto. Situando al paciente y a su familia en el centro de la conversación, escuchando y ofreciendo apoyo emocional, las enfermeras y el equipo médico pueden ayudar a atravesar este difícil periodo con dignidad y compasión.

Apoyo al paciente y a su familia.

Apoyar a los pacientes y a sus familias es una parte esencial de la atención médica, sobre todo en los momentos críticos o cuando se trata de patologías graves. Este apoyo va más allá del simple marco clínico para abarcar aspectos emocionales, psicológicos y sociales. Es un arte que requiere sensibilidad, dedicación y un enfoque multidisciplinar.

Comprender las necesidades :

Necesidades emocionales: La enfermedad o el trauma pueden dar lugar a diversos sentimientos, como el miedo, la ira, la depresión o la aceptación. El equipo asistencial debe estar atento a estas emociones y ofrecer el apoyo adecuado.

Necesidades de información: Los pacientes y sus familiares suelen querer entender la enfermedad, las opciones de tratamiento, el pronóstico, etc. Por lo tanto, es vital proporcionarles una información clara, honesta y comprensible. Por lo tanto, es vital proporcionarles una información clara, honesta y comprensible.

Necesidades prácticas: Puede incluir cuestiones relacionadas con el coste del tratamiento, la organización de la vida diaria, el cuidado de otros miembros de la familia, etc.

Estrategias de apoyo :

Escucha activa: Es crucial dar a los pacientes y a sus familiares tiempo para expresarse, hacer preguntas y compartir sus sentimientos.

Comunicación abierta: Fomentar el diálogo sincero, evitar la jerga médica y asegurarse de que se entiende la información compartida.

Apoyo psicológico: A veces el apoyo de un profesional como un psicólogo o un psiquiatra puede ser beneficioso.

Derivación: orientar a las familias hacia recursos útiles como grupos de apoyo, asociaciones o servicios sociales.

Papel del equipo asistencial :

Atención personalizada: Cada paciente y cada familia son únicos. Por ello, el enfoque debe adaptarse a sus necesidades y circunstancias.

Formación y educación: El equipo médico debe estar formado en las mejores prácticas de comunicación y apoyo.

Colaboración interdisciplinar: La implicación de diferentes profesionales (médicos, enfermeras, trabajadores sociales, psicólogos) puede ofrecer un apoyo integral y diversificado.

Apoyo de los compañeros: Los miembros del equipo también pueden necesitar apoyo, sobre todo después de situaciones especialmente difíciles.

Apoyo más allá del hospital :

Plan de alta: Preparar y coordinar el alta hospitalaria del paciente para garantizar una transición fluida al domicilio o a otra institución.

Seguimiento a largo plazo: Incluso después del alta, los puntos de contacto regulares pueden ayudar a controlar el progreso del paciente y responder a cualquier pregunta que surja.

Apoyo en el duelo: En situaciones en las que el paciente fallezca, ofrezca apoyo a la familia para ayudarles en el proceso de duelo.

El apoyo a los pacientes y sus familias va más allá de la simple prestación de atención médica. Se trata de un enfoque holístico que abarca todas las facetas de la experiencia humana de la enfermedad, lo que conduce a una mejor calidad de vida y a una mayor resiliencia ante los retos sanitarios.

Cuidados de confort y el tratamiento del dolor.

Los cuidados de confort y el tratamiento del dolor son dos de los pilares fundamentales de la atención médica, especialmente en medicina interna, donde los pacientes pueden presentar síntomas complejos y a menudo interconectados. El objetivo de estos cuidados no es sólo mejorar la calidad de vida de los pacientes, sino también garantizar su dignidad, independientemente de la gravedad de su enfermedad.

Comprender el dolor :
El dolor puede ser agudo, que aparece de repente en respuesta a una lesión u otra causa, o crónico, que a menudo persiste durante meses o incluso años. Puede ser de naturaleza física, pero también puede tener componentes emocionales y psicológicos.
Evaluación del dolor :
Una evaluación regular y exhaustiva es crucial. Para ello pueden utilizarse escalas de dolor, entrevistas y observaciones. Cada paciente expresará y experimentará el dolor de forma diferente, de ahí la importancia de un enfoque individualizado.
Estrategias para el tratamiento del dolor :

Farmacológico: Incluye el uso de analgésicos, antiinflamatorios, opiáceos y otros fármacos en función de la naturaleza del dolor.

Terapias no farmacológicas: como fisioterapia, osteopatía, acupuntura, relajación y meditación.
Cuidados de confort :
Ir más allá del dolor significa garantizar que los pacientes se sientan cómodos, respetados y escuchados.

Entorno : Una habitación limpia, tranquila, con la cantidad adecuada de luz y una temperatura agradable.

Necesidades básicas: como garantizar una hidratación y nutrición adecuadas y ayudar con la higiene.

Apoyo emocional: La escucha activa, una presencia tranquilizadora y una comunicación abierta son esenciales.

Estimulación mental: Fomente las actividades que estimulen la mente, como la lectura, la música o los juegos.

Interdisciplinariedad :

La colaboración entre distintos profesionales (médicos, enfermeras, psicólogos, fisioterapeutas) es esencial para una atención integral.

Retos éticos :

A veces pueden surgir dilemas, sobre todo en relación con el uso de opiáceos o la toma de decisiones al final de la vida. Estas situaciones requieren una reflexión ética y un diálogo con el paciente y su familia.

El tratamiento del dolor y los cuidados paliativos son mucho más que simples intervenciones médicas. Son esfuerzos profundamente humanos que, cuando se llevan a cabo correctamente, reafirman la dignidad, el respeto y el derecho fundamental de todo individuo a una vida libre de dolor innecesario y lo más cómoda posible. En medicina interna, donde la complejidad es la norma, estos cuidados son aún más esenciales.

Capítulo 14

EL ASPECTO ADMINISTRATIVO Y GESTIÓN DE CASOS

Documentación : ¿por qué y cómo?

En el complejo mundo de la medicina interna, la documentación desempeña un papel vital. No sólo sirve como memoria, medio de comunicación y fuente de pruebas, sino también como herramienta para mejorar la calidad de la atención. Veamos por qué y cómo es esencial la documentación, y cómo puede optimizarse.

¿Por qué documentar?

    Registro escrito: La documentación crea un registro escrito del historial clínico del paciente, su evolución, los tratamientos propuestos, las intervenciones realizadas y las recomendaciones.

    Comunicación entre profesionales: Garantiza la continuidad de la atención facilitando la transmisión de información esencial entre los distintos profesionales sanitarios implicados en el cuidado del paciente.

    Apoyo a la toma de decisiones: Disponer de un historial médico detallado permite tomar decisiones informadas sobre futuras intervenciones, teniendo en cuenta la evolución anterior del paciente.

    Responsabilidad jurídica: La documentación sirve como prueba en caso de litigio o de necesidad de justificar las acciones emprendidas. Garantiza la transparencia de las acciones médicas.

    Investigación y formación: Cuando los historiales médicos se anonimizan, pueden utilizarse para estudios clínicos, mejorando así los conocimientos médicos. También se utilizan con fines educativos para formar a nuevos profesionales.

¿Cómo documentar?

    Precisión: Es esencial que la información sea precisa. Utilice los términos médicos adecuados, evite ambigüedades y asegúrese de que todo se explica con claridad.

Exhaustividad: Debe documentarse todo lo relevante para el paciente: síntomas, observaciones, resultados de pruebas, intervenciones, reacciones, etc.

Organización: La información debe presentarse de forma lógica y seguir una estructura reconocible. Utilice subtítulos, listas con viñetas y párrafos para estructurar el contenido.

Actualización periódica: Los registros deben actualizarse después de cada consulta, intervención o cambio en el estado del paciente.

Confidencialidad: Garantizar la protección de los datos de los pacientes. Sólo las personas autorizadas deben tener acceso a la documentación, y toda la información debe almacenarse de forma segura.

Uso de la tecnología: Con la llegada de los historiales médicos electrónicos, introducir información es más fácil, más estructurado y más seguro. El uso de estas herramientas también facilita la búsqueda y el intercambio de información.

La documentación en medicina interna, como en otras disciplinas médicas, es una tarea crucial. Requiere rigor, cuidado y organización. Pero su importancia para la calidad de la asistencia, la comunicación entre profesionales y la protección jurídica la convierten en una responsabilidad central para todos los implicados en la asistencia sanitaria.

Gestión historias clínicas electrónicas.

La llegada de las historias clínicas electrónicas (HCE) ha transformado la forma en que los profesionales sanitarios almacenan, acceden y utilizan la información médica de los pacientes. Aunque estos sistemas ofrecen muchas ventajas, también requieren una gestión cuidadosa para garantizar la seguridad, la eficacia y el cumplimiento de las normas.

Ventajas de los EMR :

Acceso rápido: Los EMR proporcionan un acceso rápido y sencillo a la información del paciente, lo que facilita la toma de decisiones asistenciales con conocimiento de causa.

Actualizaciones en tiempo real: Los cambios o adiciones a la información están disponibles inmediatamente para todos los profesionales sanitarios autorizados.

Reducción de errores: la introducción electrónica de datos reduce el riesgo de errores manuscritos, lo que facilita la lectura del documento y reduce los malentendidos.

Ahorro de recursos: los RME pueden reducir la necesidad de papel, el espacio de almacenamiento y el tiempo dedicado a la gestión de archivos.

Integración y comunicación: los EMR pueden integrarse con otros sistemas, como laboratorios o farmacias, para una comunicación fluida entre los distintos departamentos.

Retos de la gestión del EMR :

Formación: Los usuarios deben recibir formación sobre el uso seguro y eficaz de los RME.

Seguridad: Dado que la información médica es sensible, es crucial garantizar la seguridad de los datos, tanto en términos de acceso como de protección frente a amenazas externas.

Cumplimiento de la normativa: los EMR deben cumplir la normativa local y nacional sobre protección de datos.

Coste: La creación, el mantenimiento y la actualización de los sistemas pueden resultar costosos.

Interfaz: No todos los EMR son compatibles entre sí, lo que puede causar problemas cuando los pacientes son gestionados por varias instituciones o especialistas.

Mejores prácticas de gestión :

Actualizaciones periódicas: Mantener su sistema al día es esencial si quiere beneficiarse de las últimas funciones y medidas de seguridad.

Acceso controlado: Sólo los profesionales autorizados deben tener acceso a la información de los pacientes. Se recomienda el uso de contraseñas seguras, autenticación de dos factores y otras medidas de seguridad.

Copias de seguridad: Las copias de seguridad periódicas son vitales para evitar la pérdida de datos en caso de fallo del sistema.

Formación continua: La formación no debe ser algo puntual. A medida que se actualiza el sistema y evolucionan las normas, es necesaria una formación periódica.

Evaluación y retroalimentación: Animar a los usuarios a que proporcionen retroalimentación sobre el sistema y su funcionalidad puede ayudar a identificar áreas de mejora.

Las historias clínicas electrónicas han revolucionado la forma de prestar y gestionar la asistencia sanitaria. Sin embargo, requieren una gestión cuidadosa para garantizar que se utilizan de forma óptima y segura. La formación, la concienciación y la comunicación abierta entre los usuarios y los gestores de los RME son esenciales para su éxito.

Aspectos jurídicos
y la retención de información.

En el sector sanitario, la manipulación de los datos de los pacientes no es simplemente una cuestión de eficacia o comodidad. Está íntimamente ligada a cuestiones éticas y jurídicas. El almacenamiento y la divulgación de información médica tienen profundas implicaciones para la privacidad, los derechos de los pacientes y la responsabilidad profesional.

Base jurídica :

Leyes de protección de datos: Estas leyes se han elaborado para garantizar la confidencialidad y la seguridad de los datos personales. En el ámbito médico, estas normas son aún más estrictas dado el carácter sensible de la información.

Consentimiento informado: Antes de realizar pruebas, tratamientos o intervenciones, los profesionales sanitarios deben obtener el consentimiento informado del paciente. Esto incluye también el acceso a los datos médicos y su almacenamiento.

Derechos de los pacientes: Los pacientes tienen derecho a acceder a sus historiales médicos, a solicitar correcciones y a saber quién ha accedido a su información.

Conservación de la información :

Duración: Las leyes nacionales o regionales suelen especificar el periodo de tiempo durante el que deben conservarse los historiales médicos. Este periodo puede variar en función de la naturaleza de la información, la edad del paciente o el tipo de tratamiento.

Formato: Con la digitalización, la mayoría de los archivos se almacenan electrónicamente, pero su formato debe garantizar la accesibilidad y legibilidad a largo plazo.

Seguridad: Los historiales médicos deben conservarse de forma segura para evitar el acceso no autorizado, la pérdida, la destrucción o la divulgación.

Implicaciones profesionales :

Responsabilidad: En caso de violación de la confidencialidad o de error en el tratamiento de los datos, los profesionales sanitarios y las instituciones pueden ser considerados responsables.

Formación: El personal médico debe recibir formación e información periódica sobre los aspectos legales y éticos de la gestión de historiales médicos.

Protocolos claros: es esencial disponer de procedimientos y protocolos claros para acceder, almacenar, divulgar y destruir los historiales médicos.

La gestión de la información médica no es sólo una cuestión de eficacia operativa. Engloba una profunda responsabilidad hacia los pacientes, el respeto de sus derechos y el mantenimiento de la confianza en el sistema sanitario. Los profesionales sanitarios deben navegar por este complejo panorama con cuidado, anteponiendo siempre los intereses y derechos del paciente.

Capítulo 15

RELACIONES CON LAS FAMILIAS DE LOS PACIENTES

La importancia de la comunicación y la educación.

La comunicación y la educación son dos de las piedras angulares de la medicina, especialmente cuando se trata de la atención al paciente. Más allá del simple intercambio de información, contribuyen significativamente a mejorar la atención, a establecer una relación de confianza entre el paciente y el profesional sanitario y al bienestar general del paciente.

La comunicación es mucho más que un intercambio de información:

Establecer la confianza: Una comunicación transparente y abierta es esencial para establecer una relación de confianza entre el cuidador y el paciente. Es esta confianza la que permite a los pacientes sentirse comprendidos y respetados, y confiar en las decisiones médicas tomadas.

Comprender al paciente: Una buena comunicación permite a los profesionales comprender mejor las preocupaciones, los temores y las expectativas del paciente, lo que es crucial para ofrecerle una atención adecuada.

Educación terapéutica: Mediante una comunicación eficaz, los cuidadores pueden educar a los pacientes sobre su enfermedad, los tratamientos que se les ofrecen y los comportamientos que deben adoptar para mejorar su estado de salud.

La educación, una herramienta esencial para los pacientes :

Autonomía del paciente: A través de la educación, los pacientes adquieren conocimientos que les permiten comprender mejor su enfermedad y su tratamiento, y tomar así decisiones informadas sobre su salud.

Prevención: La educación desempeña un papel clave en la prevención de enfermedades y complicaciones.

Enseñando a los pacientes los comportamientos de riesgo y las medidas preventivas, podemos reducir la incidencia de ciertas enfermedades.

Mejor adherencia al tratamiento: Un paciente educado es más capaz de comprender la importancia de seguir su tratamiento, lo que aumenta la eficacia del mismo.

Reducir los ingresos hospitalarios: Educar a los pacientes sobre los signos de alarma y el manejo de los síntomas en casa puede reducir el número de ingresos hospitalarios innecesarios.

Conclusión:

La medicina no trata sólo de técnicas y medicamentos. Se trata también, y sobre todo, de personas. La comunicación y la educación son esenciales si queremos situar a los pacientes en el centro de la atención que les prestamos, convirtiéndoles en protagonistas activos de su propia salud y mejorando así la calidad de la asistencia. Sólo comprendiendo realmente las necesidades, los temores y las aspiraciones de los pacientes, y educándoles adecuadamente, podremos avanzar hacia una medicina verdaderamente centrada en el paciente.

Gestionar las expectativas y las preocupaciones.

En el ámbito médico, los pacientes suelen llegar con multitud de expectativas y preocupaciones. Estos sentimientos pueden estar relacionados con su enfermedad, los tratamientos, los resultados esperados o incluso la relación con el personal de enfermería. Gestionar estas expectativas y preocupaciones no es sólo una cuestión de compasión, también es esencial para el bienestar del paciente y el éxito del tratamiento.

El origen de las expectativas y las preocupaciones :

Fuentes de información variadas: En la era digital, los pacientes tienen acceso a una gran cantidad de información en línea, desde testimonios hasta artículos médicos y foros. Aunque esta abundancia puede ser beneficiosa, también puede ser fuente de confusión y ansiedad.

Experiencias anteriores: Las experiencias médicas anteriores, ya sean positivas o negativas, influyen enormemente en las expectativas y preocupaciones actuales de los pacientes.

Miedo a lo desconocido: No comprender una enfermedad o un tratamiento puede provocar miedo e incertidumbre.

Estrategias para gestionar las expectativas :

Escucha activa: Tomarse el tiempo necesario para escuchar a los pacientes, sin interrumpirles, nos ayuda a comprender mejor sus expectativas y ajustarlas si es necesario.

Educación: Informar a los pacientes de forma clara y accesible sobre su enfermedad, los tratamientos disponibles, sus beneficios y sus riesgos.

Fijar objetivos realistas: Es esencial aclarar lo que el paciente puede esperar del tratamiento y lo que sólo puede esperar.

Enfoques para disipar las preocupaciones :

Validar las emociones: Reconocer y validar las preocupaciones del paciente es el primer paso para construir una relación de confianza.

Comunicación transparente: Ser sincero sobre los riesgos, beneficios, incógnitas y alternativas ayuda a los pacientes a sentirse respetados e implicados en su atención.

Apoyo psicológico: En algunos casos, el apoyo de un psicólogo o trabajador social puede ser beneficioso para ayudar a los pacientes a controlar su ansiedad.

Las expectativas y preocupaciones de los pacientes, si no se abordan adecuadamente, pueden tener consecuencias negativas para la atención médica, que van desde la falta de adherencia al tratamiento hasta el deterioro de la salud mental. Por otro lado, una atención respetuosa, empática y bien informada puede transformar estos retos en oportunidades, fortaleciendo la relación cuidador-paciente y optimizando los resultados médicos.

El papel de la familia en los cuidados y la recuperación del paciente.

La familia desempeña un papel central en el cuidado de un paciente, sobre todo en medicina interna, donde las patologías pueden ser crónicas, complejas y afectar a individuos en distintas etapas de la vida. Su papel va a menudo más allá del simple apoyo emocional, abarcando los cuidados cotidianos, la toma de decisiones médicas y la gestión de la convalecencia.

1. Apoyo emocional y psicológico :
   Una presencia tranquilizadora: La simple presencia de un familiar en el hospital o durante una consulta puede reconfortar enormemente al paciente.
   Escuchar y comprender: La familia puede ayudar a desdramatizar ciertas situaciones, escuchar las preocupaciones del paciente y tranquilizarle.
2. Participación activa en los cuidados :
   Recordatorios de medicación: Los familiares pueden ayudar a garantizar que se siguen las prescripciones, recordando a los pacientes que tomen su medicación o vigilando cualquier efecto secundario.
   Cuidados diarios: Para los pacientes que necesitan asistencia (aseo, comidas), la familia puede intervenir,

ofreciendo a veces cuidados más personalizados que en el hospital.

Rehabilitación y ejercicio: La familia puede animar y ayudar al paciente en las actividades de rehabilitación, que son esenciales para una rápida recuperación.

3. Toma de decisiones médicas :

Portavoz: Si el paciente no puede comunicarse, la familia puede expresar sus deseos y preocupaciones al equipo médico.

Decisiones conjuntas: En ciertas situaciones complejas, la familia, en consulta con los médicos, puede tener que tomar decisiones importantes sobre el tratamiento.

4. Gestión de la convalecencia :

Cuidados posteriores a la hospitalización: Volver a casa puede requerir ajustes (adaptar la casa, adquirir equipamiento médico). La familia desempeña un papel clave en esta transición.

Seguimiento médico: Garantizar que se respetan las citas, los exámenes de seguimiento y las instrucciones posteriores a la hospitalización suele ser más fácil con la participación de la familia.

5. Mediador entre el paciente y el equipo médico :

Aclaraciones y preguntas: La familia puede hacer preguntas y pedir aclaraciones, facilitando así la comprensión mutua entre el paciente y el personal asistencial.

Retroalimentación: Al estar cerca del paciente, la familia y los amigos pueden proporcionar una valiosa retroalimentación sobre el estado de salud del paciente, los efectos del tratamiento y el bienestar general.

La presencia y el compromiso de la familia refuerzan el vínculo de confianza entre el paciente y el equipo médico. Proporcionan un apoyo inestimable, tanto emocional como práctico. Reconocer y valorar su papel es esencial para una atención holística y centrada en el paciente. Sin embargo, también es crucial encontrar un equilibrio entre las necesidades del paciente, la capacidad de la familia para implicarse y el respeto por el bienestar de todos los implicados.

Capítulo 16

SEGURIDAD DEL PACIENTE

Errores médicos :
¿cómo pueden prevenirse?

A pesar de los constantes avances de la medicina y del rigor de los profesionales sanitarios, los errores médicos siguen siendo una realidad preocupante. Aunque pueden tener consecuencias dramáticas, es esencial adoptar un enfoque proactivo para prevenirlos, en lugar de limitarse a reaccionar después de que se hayan producido.

1. Formación continua :

Actualizar sus conocimientos: La medicina evoluciona constantemente. Por eso es esencial que los profesionales sanitarios sigan aprendiendo a lo largo de su carrera.

Formación en nuevas tecnologías: Las innovaciones tecnológicas, como los equipos médicos o los programas informáticos de gestión de historiales, requieren una formación adecuada para evitar errores de funcionamiento.

2. Comunicación eficaz :

Entre profesionales: Una buena comunicación entre médicos, enfermeras, farmacéuticos y otros miembros del equipo asistencial es crucial para evitar malentendidos y errores.

Con el paciente: Es esencial comprender el historial médico del paciente y sus síntomas actuales, y asegurarse de que entiende su tratamiento y las instrucciones.

3. Compruebe dos veces :

Recetas de medicamentos: Antes de administrar un medicamento, es esencial comprobar no sólo el medicamento en sí, sino también la dosis, la vía de administración y la identidad del paciente.

Procedimientos invasivos: Una doble comprobación, como confirmar el lado correcto de una intervención quirúrgica, puede evitar errores graves.

4. Protocolos normalizados :

Unos procedimientos claros y estandarizados pueden reducir la variabilidad y, por tanto, el riesgo de error. Esto incluye listas de comprobación para determinados procedimientos o intervenciones.

5. Sistemas de información eficientes :

Historias clínicas electrónicas: Proporcionan un mejor seguimiento del paciente, una disponibilidad inmediata de la información y reducen el riesgo de errores asociados a la lectura de la letra manuscrita.

Alertas automáticas: muchos paquetes de software médico pueden ahora alertar a los profesionales si se prescribe una dosis anormal o una interacción entre medicamentos.

6. Cultura de seguridad :

Retroalimentación: En lugar de culpar, es más productivo analizar los errores cometidos y aprender de ellos.

Notificación de incidentes: Animar al personal a que notifique cualquier error o casi error puede ayudar a identificar los puntos débiles del sistema y corregirlos.

7. Participación del paciente :

Educación: Un paciente informado es más capaz de entender su tratamiento, hacer las preguntas pertinentes e informar de cualquier anomalía.

Comprobaciones: Anime a los pacientes a comprobar siempre los medicamentos que se les administran o las instrucciones que reciben.

La prevención de los errores médicos se basa en un enfoque sistémico, que integra tanto los procesos como a los individuos. Al tiempo que reconoce la importancia de la pericia individual, hace hincapié en la comunicación, la normalización y la cultura de la seguridad para garantizar la mejor calidad asistencial posible.

La importancia de los protocolos y listas de control.

El mundo de la medicina, con su naturaleza compleja y sus consecuencias potencialmente mortales, exige un rigor inquebrantable. Para garantizar la mejor atención posible a los pacientes y evitar errores médicos, la introducción de protocolos y listas de comprobación ha demostrado ser extremadamente eficaz. Pero, ¿por qué son tan esenciales estas herramientas en la práctica médica?

1. Estructuración del enfoque médico :
Los protocolos definen una serie de pasos estandarizados basados en las mejores pruebas científicas disponibles. Guían al profesional a través de una sucesión de acciones, evaluaciones y decisiones para garantizar un nivel óptimo de cuidados.

2. Reducir el error humano :
Los descuidos, las distracciones y los malentendidos son inherentes a la naturaleza humana. Las listas de comprobación actúan como redes de seguridad, garantizando que se complete cada paso crítico, reduciendo así el riesgo de omisiones.

3. Cuidados constantes :
Los protocolos garantizan la uniformidad en la atención al paciente. Tanto si le atiende un médico jefe como un residente, en un hospital urbano o en un centro académico, el enfoque debería ser similar si existe un protocolo.

4. Facilitar la comunicación interprofesional :
Las listas de comprobación, en particular, actúan como herramientas de comunicación, garantizando que todo el equipo esté sincronizado e informado de las etapas cruciales de un procedimiento o cuidado.

5. Formación y educación :
Los protocolos son excelentes herramientas didácticas para estudiantes y jóvenes profesionales. Proporcionan una hoja de ruta clara para comprender las mejores prácticas y las razones subyacentes de cada paso.

6. Evaluación y mejora continua :
Al documentar y seguir los protocolos, los centros médicos pueden recopilar datos valiosos sobre la calidad de su atención. A continuación, estos datos pueden analizarse para identificar áreas de mejora y actualizar los protocolos en consecuencia.

7. Reforzar la confianza de los pacientes :
Los pacientes que saben que su atención se basa en protocolos probados pueden tener mayor confianza en el sistema sanitario. Perciben que su atención se basa en una metodología rigurosa y no en decisiones ad hoc.

8. Legalidad y responsabilidad :
En caso de complicaciones o disputas, haber seguido un protocolo reconocido puede dar fe del enfoque de calidad del profesional sanitario, demostrando que ha tomado todas las precauciones necesarias para garantizar la seguridad del paciente.

Los protocolos y las listas de comprobación no son simples listas o instrucciones a seguir. Representan una síntesis de los mejores conocimientos médicos actuales, combinados con el reconocimiento de la necesidad de contrarrestar las debilidades inherentes a la condición humana. Adoptar estas herramientas significa adoptar un enfoque basado en la excelencia, centrado en el bienestar y la seguridad del paciente.

Gestión de los medicamentos y prevenir las interacciones.

En el mundo de la medicina, los fármacos desempeñan un papel esencial en el tratamiento, la curación, la prevención y el alivio de los síntomas. Pero su eficacia no está exenta de riesgos. La gestión adecuada de los medicamentos y la prevención de las interacciones entre ellos son cruciales para garantizar la seguridad del paciente y optimizar la eficacia del tratamiento.

1. Comprender las interacciones entre medicamentos :
Una interacción medicamentosa se produce cuando el efecto de un fármaco se ve alterado por otro, un alimento, una bebida o incluso una afección médica.

2. Importancia de los conocimientos farmacológicos :
El conocimiento de las propiedades farmacológicas de los medicamentos es esencial para anticipar sus efectos potenciales, su metabolismo y, por tanto, sus posibles interacciones.

3. La polifarmacia, un problema creciente :
Con el aumento de la esperanza de vida, muchos pacientes, sobre todo los ancianos, reciben tratamiento para varias afecciones al mismo tiempo, lo que aumenta el riesgo de interacciones.

4. Utilización de herramientas de gestión :
Las bases de datos actualizadas y el software de prescripción pueden ayudar a identificar posibles interacciones entre medicamentos antes de que se conviertan en un problema.

5. La comunicación, piedra angular de la prevención :
Es imprescindible que los pacientes informen a sus profesionales sanitarios de todos los medicamentos que toman, incluidos los de venta libre, los complementos alimenticios y los remedios a base de plantas.

6. El papel fundamental de la enfermera :
La enfermera, como último eslabón antes de la administración del fármaco, desempeña un papel esencial en la comprobación del cumplimiento de la prescripción y en la detección de posibles interacciones.

7. Educación y concienciación de los pacientes :
Es vital educar a los pacientes sobre la importancia de seguir sus prescripciones al pie de la letra, informar de cualquier efecto secundario y consultar antes de añadir o retirar un medicamento.

8. Seguimiento regular :
Cuando un paciente toma varios medicamentos, un seguimiento regular por parte del médico, con análisis de sangre si es necesario, puede detectar anomalías potencialmente relacionadas con interacciones entre fármacos.

9. Prevenir antes que curar:
La prevención requiere una formación continua de los profesionales sanitarios, la actualización de sus conocimientos y la utilización de los recursos disponibles para anticiparse a las interacciones.

La gestión de los medicamentos y la prevención de las interacciones entre fármacos son retos constantes en el mundo de la sanidad. La colaboración entre los distintos agentes del sector sanitario, la formación, el uso de herramientas tecnológicas y la comunicación eficaz con los pacientes son claves para garantizar una medicación segura y eficaz.

Capítulo 17

INFECCIONES HOSPITALARIAS

Prevención y gestión

La prevención y la gestión en medicina interna son esenciales para prever, evitar y tratar las complicaciones y los problemas de salud. Abarcan una serie de actividades que van desde la concienciación hasta la mejor práctica médica. He aquí una exploración fluida de esta noción central.

El mundo de la medicina interna evoluciona constantemente, cada día surgen nuevos descubrimientos, se identifican nuevas enfermedades y se perfeccionan los tratamientos existentes. En el centro de esta dinámica, dos elementos siguen siendo fundamentales: la prevención y la gestión.

1. La prevención: el arte de la anticipación
La prevención suele considerarse una simple medida de higiene o de estilo de vida. Sin embargo, va mucho más allá. Abarca :

   Revisiones periódicas: Las revisiones anuales pueden detectar muchas afecciones antes de que se vuelvan críticas.

   Vacunación: La vacunación protege contra muchas enfermedades graves, no sólo las infantiles.

   Educación sanitaria: Informar a los pacientes sobre los riesgos asociados a determinados comportamientos o exposiciones es vital.

2. Gestión: capacidad de respuesta ante lo inesperado
La gestión se basa en la capacidad del profesional sanitario para reaccionar ante una situación dada, ya se trate de una crisis aguda o de una afección crónica.

   Protocolos médicos: Proporcionan un marco para el tratamiento eficaz de una enfermedad, basado en los últimos datos científicos disponibles.

Atención multidisciplinar: En el caso de patologías complejas, a menudo es necesaria la participación de varios especialistas.

3. Prevención y gestión: dos caras de la misma moneda

Se complementan y refuerzan mutuamente. Una buena gestión permite poner en marcha medidas preventivas eficaces. A la inversa, una buena prevención reduce la necesidad de grandes intervenciones médicas.

4. Los retos del futuro

Con la aparición de nuevas tecnologías, como la telemedicina, y un mejor conocimiento de la genética humana, la medicina interna está en la cúspide de una revolución. La prevención podría personalizarse en función del perfil genético de cada individuo, y la gestión de las enfermedades podría facilitarse mediante herramientas digitales cada vez más sofisticadas.

La prevención y la gestión están en el corazón de la medicina interna. Simbolizan el equilibrio entre la anticipación y la reacción, entre el saber hacer y la experiencia. En un mundo en el que la medicina evoluciona constantemente, seguirán siendo los pilares en los que se apoyen los profesionales sanitarios para ofrecer la mejor atención posible a sus pacientes.

Protocolos de higiene.

En el corazón de la medicina interna, disciplina que engloba el cuidado integral de pacientes adultos que padecen diversas patologías a menudo complejas, la cuestión de la higiene ocupa un lugar central. Esta preocupación va más allá de la mera comodidad: es una verdadera arma contra las infecciones nosocomiales, es decir, las infecciones adquiridas en el hospital que no se manifestaron o no estaban incubándose en el momento del ingreso.

1. Cuestiones de higiene en medicina interna

El cumplimiento de los protocolos de higiene en medicina interna es crucial por varias razones:

Reducir el riesgo de infección: La medicina interna trata a menudo a pacientes frágiles o inmunodeprimidos, para los que una infección nosocomial podría ser extremadamente grave.

Confianza de los pacientes: Un servicio limpio y el cumplimiento de las normas de higiene por parte del personal de enfermería son garantías de calidad y profesionalidad.

Protección del personal sanitario : Los protocolos de higiene no sólo protegen a los pacientes, sino a todos los profesionales sanitarios.

2. Las principales medidas de higiene

Lavado de manos: Sigue siendo la piedra angular de la prevención de las infecciones nosocomiales. Debe realizarse sistemáticamente antes y después de cualquier contacto con un paciente o su entorno.

Uso de equipos de protección individual (EPI): Deben utilizarse mascarillas, guantes, batas o gafas protectoras en función de la situación.

Mantenimiento de los locales: Es esencial una limpieza regular con desinfectantes adecuados.

Gestión de residuos : La clasificación, el almacenamiento y la eliminación de residuos deben seguir protocolos estrictos para evitar cualquier riesgo de contaminación.

Desinfección del equipo médico: Todo el equipo que entre en contacto con un paciente debe limpiarse a fondo y esterilizarse si es necesario.

3. La importancia de la formación y la sensibilización

El cumplimiento de los protocolos de higiene requiere una formación periódica del personal asistencial. Los recordatorios frecuentes, los talleres prácticos y la actualización periódica de los protocolos son esenciales para garantizar su eficacia. También es esencial sensibilizar a los pacientes y a sus familiares para que se impliquen plenamente en el proceso.

Los protocolos de higiene en medicina interna no son simples directivas administrativas: reflejan un deseo constante de proteger al paciente, garantizar la calidad de los cuidados y preservar la salud de los cuidadores. En un momento en que la resistencia a los antibióticos se está convirtiendo en un importante problema de salud pública, su importancia es más crucial que nunca.

Resistencia a los antibióticos y su impacto en la medicina interna.

La resistencia a los antibióticos, un importante problema de salud pública mundial, está teniendo un gran impacto en la medicina interna. Esta disciplina, que diagnostica y trata multitud de patologías a menudo complejas en adultos, se enfrenta a retos cada vez mayores por la aparición de cepas bacterianas resistentes. Para comprender plenamente la magnitud de este reto y su repercusión en la medicina interna, es necesaria una inmersión en profundidad.

1. Comprender la resistencia a los antibióticos
A lo largo del tiempo, con el uso intensivo y a menudo inadecuado de los antibióticos, ciertas bacterias han desarrollado mecanismos de defensa que hacen que estos fármacos sean ineficaces. Esta capacidad de adaptación es natural, pero se ha visto amplificada por la prescripción excesiva, el escaso cumplimiento por parte de los pacientes y el uso de antibióticos en la agricultura.
2. Los retos de la medicina interna
    Complejidad diagnóstica: Ante el aumento de la resistencia, la elección del antibiótico adecuado

requiere pruebas más detalladas para determinar la sensibilidad de la bacteria.

Tiempos de tratamiento más largos: Para combatir eficazmente las bacterias resistentes, los tratamientos pueden ser más largos y costosos.

Mayor riesgo de complicaciones: Con tratamientos menos eficaces, aumenta el riesgo de complicaciones y la morbilidad asociada.

Aparición de cepas muy resistentes: Algunas bacterias, como las Enterobacteriaceae productoras de carbapenemasas (EPC), se han vuelto resistentes a casi todos los antibióticos disponibles.

3. Impacto directo en la medicina interna

Al tratar a pacientes a menudo frágiles o incluso inmunodeprimidos, la medicina interna se enfrenta a infecciones más difíciles de controlar. La hospitalización puede prolongarse y el recurso a los antibióticos de "último recurso" se convierte a veces en la única opción, con un mayor riesgo de efectos secundarios.

4. Soluciones adaptadas al contexto de la medicina interna

Promover la prescripción racional: Limitar el uso de antibióticos a situaciones en las que sean realmente necesarios.

Sensibilizar y educar: Es necesario informar a los pacientes y a todo el personal sanitario de los riesgos asociados al uso excesivo de antibióticos.

Reforzar las medidas de higiene: Para evitar la propagación de cepas resistentes, deben aplicarse rigurosamente los protocolos de higiene.

Invertir en investigación: es necesario desarrollar nuevos antibióticos, así como alternativas a los antibióticos, para hacer frente a este reto.

La resistencia a los antibióticos tiene un profundo impacto en la medicina interna, ya que pone en peligro la vida de muchos pacientes y complica el trabajo de los profesionales sanitarios. Ante este reto, es esencial un enfoque global que combine prevención, educación e innovación para preservar la eficacia de estos medicamentos esenciales.

Capítulo 18

TRATAMIENTO SITUACIONES DE EMERGENCIA

Evaluación rápida y establecimiento de prioridades.

En medicina interna, como en la mayoría de las disciplinas médicas, el tiempo suele ser un factor crítico. Ya sea ante una urgencia o en la gestión diaria de un gran número de pacientes, la evaluación rápida y la priorización de los casos son esenciales para ofrecer una atención de calidad. Aquí exploramos este enfoque fundamental y su importancia en medicina interna.

1. La importancia de una evaluación rápida
En el flujo constante de pacientes que entran en un departamento de medicina interna, la capacidad de evaluar rápidamente el estado de salud de un individuo es vital. Esta evaluación permite:

- **Identificar las emergencias**: Algunas situaciones requieren una intervención inmediata, de lo contrario el paciente podría estar en peligro.
- **Optimizar la gestión del tiempo y los recursos**: Al identificar rápidamente las necesidades de cada paciente, es más fácil asignar eficazmente los recursos disponibles.
- **Promover un tratamiento adecuado**: Una evaluación rápida proporciona una orientación diagnóstica inicial que guía las fases posteriores del tratamiento.

2. Establecimiento de prioridades: un arte delicado
Una vez realizada la evaluación inicial, es necesario priorizar los casos. Existen varias razones para ello:

- **Garantizar la seguridad del paciente**: Hay que dar prioridad a los pacientes con los síntomas más graves o las patologías más inestables.
- **Atención al paciente más fluida**: al evitar los cuellos de botella y los tiempos de espera innecesarios, la priorización garantiza una mejor gestión del flujo de pacientes.

Anticiparse a las necesidades: Al identificar con antelación a los pacientes que requieren pruebas específicas o una mayor vigilancia, es posible anticiparse a las necesidades de equipamiento y personal.

3. Herramientas de ayuda para la evaluación y el establecimiento de prioridades

Numerosas herramientas, a menudo integradas en los protocolos hospitalarios, apoyan a los cuidadores en este proceso:

Puntuaciones de urgencia: Ciertas puntuaciones, basadas en signos clínicos y paraclínicos, pueden utilizarse para evaluar el grado de urgencia de una situación.

Listas de comprobación: guían al personal a través de la evaluación inicial, garantizando que no se omita ningún elemento crucial.

Software de gestión: Cada vez son más los hospitales que se equipan con software para mejorar la gestión de los flujos de pacientes, en tiempo real.

4. La formación continua: una necesidad

La evaluación rápida y el establecimiento de prioridades son habilidades que se perfeccionan con la experiencia. Sin embargo, la formación continua desempeña un papel esencial para mantener estas habilidades al día, incorporar los últimos avances y familiarizarse con las herramientas más recientes.

La evaluación rápida y el establecimiento de prioridades son piedras angulares de la medicina interna. No sólo garantizan la seguridad del paciente, sino que también ayudan a optimizar la atención en un contexto en el que los recursos, tanto humanos como materiales, suelen ser limitados. Dominar estas habilidades, con el respaldo de las herramientas adecuadas y una formación continua, es la clave de una medicina de alta calidad.

Trabajar juntos
con los servicios de emergencia.

La medicina interna, una especialidad en la frontera de muchas disciplinas, se encuentra a menudo en el corazón del sistema hospitalario. Desempeña un papel crucial en la atención al paciente, sobre todo en colaboración con los servicios de urgencias. Veamos más de cerca esta colaboración, esencial para la fluidez de la asistencia y la seguridad del paciente.

1. La interfaz entre el servicio de urgencias y la especialidad
Los servicios de urgencias son una importante puerta de entrada al hospital, donde confluyen patologías muy diversas, desde las más benignas a las más graves. Cuando un paciente necesita ser ingresado en un hospital tras ser evaluado en urgencias, suele ser derivado a medicina interna, a menos que se requiera una especialidad específica. Esta transición debe ser fluida y eficaz, ya que puede repercutir en el pronóstico del paciente.
2. Comunicación esencial
El éxito de esta colaboración depende en gran medida de una comunicación clara y eficaz. Esto incluye:

Informes médicos: Los servicios de urgencias deben proporcionar un resumen preciso de la situación: motivo de consulta, pruebas realizadas, tratamientos administrados e hipótesis diagnósticas.

Coordinación entre enfermeras: La comunicación entre las enfermeras de los dos departamentos ayuda a preparar a los pacientes para su ingreso en medicina interna, anticiparse a sus necesidades y garantizar unos cuidados ininterrumpidos.

Compartir información sobre los recursos disponibles: Esto incluye camas disponibles, personal de guardia, equipos específicos, etc.

180

3. Formación y actualización de competencias

Los servicios de urgencias y los de medicina interna tienen sus propias características específicas, pero la formación cruzada puede ser beneficiosa:

Prácticas rotativas: Permiten a médicos y enfermeras pasar un tiempo en el otro departamento para comprender mejor sus retos y limitaciones.

Formación conjunta: Organización de sesiones de formación sobre enfermedades frecuentes, protocolos de tratamiento y herramientas de comunicación.

4. Gestión del flujo y alivio de la congestión en los servicios de urgencias

La colaboración entre estos dos departamentos también es esencial para gestionar la afluencia de pacientes y evitar el hacinamiento:

Derivación rápida: Los pacientes estabilizados en urgencias pero que requieran una hospitalización prolongada deben ser trasladados rápidamente a medicina interna.

Unidades de corta estancia: Estas unidades, a menudo gestionadas conjuntamente por los dos departamentos, se utilizan para ingresar a pacientes que requieren un seguimiento o investigaciones adicionales antes de tomar la decisión de ingresarlos en el hospital o devolverlos a casa.

La colaboración entre la medicina interna y los servicios de urgencias es una piedra angular de la atención hospitalaria. Garantiza una transición segura y eficaz para los pacientes, al tiempo que optimiza el uso de los recursos hospitalarios. Sin embargo, esta colaboración no es evidente y requiere esfuerzos constantes de comunicación, formación y coordinación.

Protocolos de intervención rápida.

En medicina interna, como en muchos departamentos hospitalarios, el tiempo es a menudo esencial. Algunos pacientes pueden experimentar un rápido deterioro de su estado que requiera una intervención inmediata. Los Protocolos de Respuesta Rápida (PRR) han sido diseñados para satisfacer esta necesidad, proporcionando directrices claras y estructuradas para gestionar estas situaciones urgentes. Veamos cómo funcionan y por qué son esenciales.

1. Definición y principios de los PIR
Los protocolos de respuesta rápida son procedimientos preestablecidos para responder a situaciones específicas en las que se requiere una actuación inmediata. El objetivo de estos protocolos es normalizar las respuestas, reducir los errores y mejorar la eficacia de las intervenciones.
2. Identificación precoz de los pacientes de riesgo
La clave de un PIR exitoso es actuar antes de que la situación se vuelva crítica. Esto requiere :

> **Control continuo: Los** signos vitales y otros indicadores deben controlarse regularmente para detectar cualquier anomalía.

> **Formación del personal**: Todo el personal, desde los médicos hasta los auxiliares de cuidados, debe estar formado para reconocer los signos de alerta de deterioro y saber cuándo activar un PIR.

3. Composición del equipo de intervención
El equipo de respuesta rápida suele estar formado por :

> **Un médico superior**: Normalmente un especialista en medicina de urgencias o cuidados intensivos.

> **Una enfermera jefe**: con experiencia en la gestión de emergencias.

> **Otros profesionales según sea necesario**: Por ejemplo, un especialista respiratorio si el paciente tiene dificultades para respirar.

4. Etapas clave de la intervención

Evaluación inicial: Una vez en el lugar, el equipo evalúa rápidamente el estado del paciente para confirmar la necesidad de una intervención.

Estabilización: El equipo toma las medidas necesarias para estabilizar al paciente, ya sea administrándole oxígeno, medicación u otras intervenciones.

Traslado en caso necesario: Si el paciente requiere cuidados más especializados, puede ser trasladado a otro departamento, como cuidados intensivos.

5. Retroalimentación y mejora continua

Después de cada operación, es crucial :

Analizar la intervención: Comprender lo que ha funcionado bien e identificar las áreas susceptibles de mejora.

Actualice el PIR si es necesario: los protocolos deben mantenerse al día y adaptarse en función de los comentarios recibidos.

Los protocolos de respuesta rápida son un elemento esencial de la seguridad del paciente en medicina interna. Garantizan una respuesta rápida, estructurada y eficaz ante situaciones potencialmente críticas, reduciendo los riesgos para el paciente y mejorando los resultados asistenciales.

Capítulo 19

ENFERMERAS E INVESTIGACIÓN

La importancia de la investigación en los cuidados de enfermería.

La investigación en enfermería es una piedra angular en la evolución de la práctica enfermera, ya que desempeña un papel vital a la hora de garantizar unos cuidados de calidad basados en pruebas. Más que un simple complemento de la medicina tradicional, esta investigación encarna la aspiración de la profesión enfermera de mejorar y perfeccionar continuamente los cuidados que se prestan a los pacientes.

En el corazón de la investigación enfermera hay un profundo deseo de comprender no sólo las enfermedades en sí, sino también la experiencia humana de la enfermedad. Examina cuestiones como: ¿Cómo viven los pacientes su enfermedad en el día a día? ¿Cómo se les puede apoyar mejor emocional, psicológica y socialmente? ¿O cómo pueden determinadas intervenciones de enfermería mejorar los resultados de los pacientes?

El impacto de esta investigación es tangible. Gracias a ella, se están revisando y adaptando los protocolos de cuidados, ofreciendo enfoques innovadores que se ajustan mejor a las necesidades de los pacientes. También arroja luz sobre la eficacia de las nuevas intervenciones, lo que permite a las enfermeras asegurarse de que sus prácticas no sólo son seguras, sino también óptimas para sus pacientes.

La investigación en enfermería también contribuye a la autonomía profesional de las enfermeras. Al realizar sus propias investigaciones y basarse en ellas, las enfermeras no se limitan a seguir las directrices médicas, sino que se convierten en protagonistas activas del desarrollo de la asistencia sanitaria. Son capaces de hacer contribuciones significativas a los debates sobre las mejores prácticas, lo que refuerza el papel vital que desempeñan dentro de los equipos médicos.

Esta investigación también repercute en la educación y la formación de las enfermeras. Al incorporar los últimos descubrimientos a los programas de estudio, las futuras generaciones de enfermeras están mejor preparadas para afrontar los retos de un panorama médico en constante cambio.

Por último, la investigación enfermera enriquece nuestra comprensión global de la asistencia sanitaria. Nos recuerda que, dejando a un lado la ciencia y la tecnología, la atención médica consiste fundamentalmente en personas que ayudan a personas. Y para ello, cada gesto, cada palabra, cada intervención cuenta.

La investigación en enfermería es mucho más que una actividad académica. Refleja la pasión, la dedicación y el compromiso de las enfermeras por proporcionar los mejores cuidados posibles basados en la evidencia a todas las personas confiadas a su cuidado.

Participación en ensayos clínicos.

La participación en ensayos clínicos es una parte esencial del panorama médico actual. El objetivo de estos estudios es evaluar la eficacia y la seguridad de nuevas intervenciones, ya sean fármacos, dispositivos médicos, terapias o técnicas quirúrgicas. Las enfermeras desempeñan un papel clave en estos estudios y son esenciales para su éxito.

En primer lugar, a menudo es la enfermera quien está en primera línea a la hora de identificar a los pacientes aptos para un estudio clínico. Gracias a su estrecha relación con los pacientes y a su profundo conocimiento de su historial médico y su estado de salud actual, las enfermeras pueden orientar eficazmente a los pacientes hacia los estudios más adecuados para ellos.

A continuación, la enfermera administra los tratamientos experimentales. Esta etapa requiere una gran precisión y un estricto cumplimiento de los protocolos, ya que cualquier variación podría afectar a los resultados del estudio. La enfermera debe ser rigurosa, asegurándose de que cada paciente recibe el tratamiento exacto previsto, a la dosis correcta y en el momento adecuado.

Además de administrar el tratamiento, las enfermeras también desempeñan un papel crucial en el seguimiento de los pacientes. A menudo son las primeras en identificar e informar de cualquier efecto secundario o complicación, lo que permite una intervención rápida para garantizar la seguridad del paciente. También controlan a los pacientes de forma regular, recopilando datos esenciales para evaluar la eficacia del tratamiento.

La comunicación es también un componente central de la participación de las enfermeras en los estudios clínicos. Son el punto de enlace entre los pacientes y el equipo de investigación, asegurándose de que los pacientes estén bien informados y se sientan cómodos durante todo el estudio. Responden a las preguntas, disipan las preocupaciones y se aseguran de que los pacientes comprendan plenamente sus derechos, incluido el derecho a retirarse del estudio en cualquier momento.

Además, la formación continua es esencial para las enfermeras que participan en estudios clínicos. El panorama médico cambia rápidamente y las enfermeras deben estar al día de los últimos avances, protocolos de estudio y normativas éticas.

La participación de las enfermeras en los ensayos clínicos es esencial para hacer avanzar la medicina y mejorar la atención al paciente. Su experiencia, dedicación y capacidad para conectar con los pacientes garantizan que estos estudios se lleven a cabo con el máximo nivel de integridad, eficiencia y cuidado.

Contribución al progreso
Conocimientos de medicina interna.

La medicina interna es un campo vasto y en constante evolución, que abarca multitud de patologías y trastornos. Es un campo en el que cada día se hacen nuevos descubrimientos que ponen en tela de juicio las certezas y en el que la innovación es constante. Las enfermeras desempeñan un papel fundamental en esta dinámica, contribuyendo activamente al desarrollo y perfeccionamiento de los conocimientos en medicina interna.

Debido a su proximidad diaria con los pacientes, las enfermeras son observadoras privilegiadas de los síntomas, los efectos terapéuticos y las reacciones a los tratamientos. Estas observaciones, aunque a menudo informales, pueden revelar tendencias, efectos secundarios inesperados o reacciones poco frecuentes a un tratamiento. Este caudal de información, cuando se comparte y analiza, puede influir en la investigación clínica y en los protocolos de cuidados.

Además, las enfermeras participan a menudo en la aplicación de nuevas técnicas o terapias. Sus comentarios sobre la practicidad, la eficacia y los obstáculos encontrados son inestimables para perfeccionar estos métodos y hacerlos más apropiados y eficaces.

Las enfermeras también participan en la investigación. Muchas enfermeras cursan estudios avanzados y doctorados, y participan en estudios clínicos o los inician. Plantean preguntas esenciales, basadas en su experiencia sobre el terreno, que pueden conducir a nuevas vías de investigación o cuestionar las prácticas establecidas.

La colaboración interprofesional es también un vector de avance de los conocimientos. Al trabajar en estrecha colaboración con internistas, farmacéuticos, fisioterapeutas y otros profesionales sanitarios, las enfermeras participan en fructíferos intercambios multidisciplinares. Estas sinergias permiten un enfoque holístico de los problemas médicos, promoviendo una medicina más integradora y personalizada.

Los cursos de formación continua, las conferencias y los simposios son oportunidades para que las enfermeras se mantengan al día de los últimos avances y compartan sus conocimientos. Sus voces, sus testimonios y sus preguntas enriquecen el debate médico y estimulan la reflexión colectiva.

Las enfermeras de medicina interna son mucho más que simples ejecutoras: son actores clave en el avance del conocimiento. Su pericia, curiosidad y compromiso las convierten en vectores esenciales del progreso, garantizando una medicina cada vez más precisa, humana y adaptada a las necesidades de los pacientes.

Capítulo 20

TECNOLOGÍA E INNOVACIÓN EN CUIDADOS DE ENFERMERÍA

Nuevas tecnologías al servicio del paciente.

En un mundo en constante cambio tecnológico, la medicina no es una excepción. Los avances tecnológicos han revolucionado nuestra forma de abordar la asistencia sanitaria, transformando la relación entre el paciente y el cuidador y abriendo posibilidades terapéuticas antes inimaginables. En medicina interna, campo rico y complejo por excelencia, estas innovaciones son especialmente llamativas.

La era del paciente conectado
Los dispositivos conectados se han apoderado de nuestra vida cotidiana, y el sector médico no es una excepción. Relojes, pulseras, aplicaciones móviles, etc. permiten a los pacientes controlar en tiempo real parámetros como la tensión arterial, la frecuencia cardiaca, los niveles de azúcar en sangre y la actividad física. Cuando se comparten con los profesionales sanitarios, estos datos pueden ofrecer una imagen más completa y continua del estado del paciente, lo que favorece una atención más personalizada.

Telemedicina: tratamiento a distancia
La telemedicina, que permite consultar a los pacientes a distancia mediante videoconferencia, representa una auténtica revolución, sobre todo para los pacientes aislados geográficamente o con movilidad reducida. Ofrece continuidad asistencial, al tiempo que reduce los costes y los desplazamientos. Esta tecnología también fomenta la colaboración entre profesionales sanitarios, permitiendo intercambios y segundas opiniones en tiempo real.

Inteligencia artificial y medicina predictiva
La IA está llamada a transformar la medicina. Ofrece la posibilidad de analizar inmensas cantidades de datos en un tiempo récord, permitiendo detectar tendencias,

anomalías o patrones que el ojo humano sería incapaz de percibir. Esto es especialmente útil en medicina interna para anticipar descompensaciones en pacientes crónicos, o para personalizar tratamientos según el perfil genético y biológico de un individuo.

Dispositivos médicos innovadores

Bombas de insulina conectadas, implantes de monitorización, dispositivos inteligentes de asistencia respiratoria... el ámbito de los dispositivos médicos se amplía y su precisión se afina gracias a la tecnología. Estas innovaciones permiten regular mejor las patologías y mejorar la calidad de vida de los pacientes.

Retos éticos y de seguridad

Aunque estas tecnologías abren horizontes terapéuticos prometedores, también plantean cuestiones éticas, sobre todo en lo que respecta a la confidencialidad de los datos. Asegurar estos datos es esencial para garantizar la confianza de los pacientes y prevenir cualquier riesgo de piratería.

Debido a su complejidad y riqueza, la medicina interna se beneficia enormemente de los avances tecnológicos. Estas innovaciones centradas en el paciente tienen el potencial de transformar nuestro enfoque de la asistencia sanitaria, haciéndola más precisa, más humana y, sobre todo, más eficaz. Sin embargo, es esencial tener en cuenta que la tecnología debe estar al servicio de las personas, y no al revés.

Telemedicina y monitorización a distancia.

Con el auge de las tecnologías digitales, la medicina ha entrado en una fase de transformación radical. La telemedicina, en particular, ha surgido como una solución eficaz a los retos médicos actuales, especialmente en medicina interna, donde es vital un seguimiento regular y en profundidad de los pacientes.

Un mundo sin fronteras médicas

En el pasado, las consultas médicas estaban confinadas a los estrechos confines de la consulta de un médico. Hoy, gracias a la telemedicina, los muros están cayendo. Los pacientes de las zonas rurales, los que tienen movilidad reducida o incluso los que se encuentran en el extranjero pueden acceder ahora a la atención especializada sin tener que desplazarse.

La herramienta de supervisión definitiva

La medicina interna se ocupa a menudo de patologías crónicas que requieren un seguimiento regular. La telemedicina facilita este seguimiento al ofrecer la posibilidad de realizar consultas periódicas a distancia, lo que permite un seguimiento continuo, una adaptación rápida de los tratamientos y una detección precoz de las complicaciones.

Interconectar a los profesionales

La telemedicina también favorece una mejor comunicación entre los profesionales sanitarios. Por ejemplo, un médico general puede pedir consejo a un especialista en tiempo real, optimizando así la atención al paciente.

La seguridad ante todo

Aunque la telemedicina ofrece muchas ventajas, no deja de estar sujeta a problemas de seguridad. La transmisión de datos médicos debe cumplir estrictas normas de seguridad y confidencialidad. Por ello, las plataformas utilizadas para la telemedicina se someten a controles regulares para garantizar la protección de la información de los pacientes.

Los límites de la tecnología

Aunque revolucionaria, la telemedicina no puede sustituir totalmente al contacto físico. Algunos exámenes requieren la presencia presencial y la palpación, por ejemplo, sigue siendo insustituible. Además, algunas personas, sobre todo las de edad avanzada, pueden sentirse incómodas con este enfoque.

La telemedicina y la monitorización a distancia encarnan la medicina del mañana. Suplen algunas de las carencias del sistema actual, ofreciendo accesibilidad y un seguimiento regular, al tiempo que preservan la relación humana entre paciente y médico. En medicina interna, este enfoque moderno está demostrando ser especialmente relevante, allanando el camino para una atención cada vez más precisa e individualizada.

Aplicaciones y herramientas digitales para enfermeras.

El mundo digital ha transformado profundamente el panorama sanitario. Para las enfermeras, que a menudo se encuentran en primera línea de los cuidados, estas herramientas representan una oportunidad de mejorar su trabajo diario, ser más eficientes y ofrecer unos cuidados de mayor calidad. He aquí un vistazo a cómo las aplicaciones y herramientas digitales están redefiniendo la profesión enfermera.

Gestión y seguimiento de los pacientes
Las aplicaciones específicas permiten ahora a las enfermeras controlar en tiempo real los historiales médicos de sus pacientes. Estas herramientas centralizan la información, facilitan el acceso a los datos esenciales y ayudan a planificar los cuidados. Algunos programas informáticos también ofrecen la posibilidad de enviar recordatorios de medicación o citas, lo que mejora el cumplimiento del tratamiento por parte del paciente.
Formación continua y acceso a la información
La formación continua es esencial en el sector sanitario. Gracias a las plataformas en línea y a las aplicaciones

especializadas, las enfermeras pueden ahora realizar cursos, participar en seminarios web o consultar recursos profesionales, todo ello a su propio ritmo y en función de su disponibilidad.

Comunicación mejorada

La comunicación es una piedra angular de los cuidados de enfermería. Las herramientas digitales como la mensajería segura y las plataformas de telemedicina permiten una comunicación fluida entre los distintos profesionales sanitarios, así como con los pacientes. Esto significa una mejor coordinación de los cuidados y un tratamiento más holístico.

Asistencia para el cuidado

Una gran cantidad de aplicaciones ayudan ahora a las enfermeras a realizar sus tareas cotidianas. Desde calculadoras de dosis y guías de procedimientos hasta manuales sobre el uso de equipos específicos, estas herramientas digitales se están convirtiendo en aliados inestimables en la práctica clínica.

Bienestar y gestión del estrés

La enfermería puede ser una profesión estresante. Afortunadamente, existen varias aplicaciones centradas en la meditación, la gestión del tiempo o incluso el apoyo psicológico para ayudar a los profesionales sanitarios a gestionar los retos emocionales y mentales de su profesión.

Las aplicaciones y herramientas digitales para enfermeras no son meros artilugios tecnológicos; son auténticas extensiones de las habilidades y conocimientos de las enfermeras. Bien utilizadas, pueden transformar la atención al paciente, mejorar la calidad de los cuidados y reforzar el papel central de las enfermeras en el itinerario asistencial. Sin embargo, es crucial formarse en su uso y mantener una actitud crítica ante su pertinencia para garantizar que se utilizan de forma ética y segura.

Capítulo 21

ENFOQUES COMPLEMENTARIOS EN MEDICINA INTERNA

Terapias complementarias integradas (TCI).

En medicina interna, el enfoque clínico suele centrarse en el diagnóstico y el tratamiento de las afecciones subyacentes. Sin embargo, cada vez más, la medicina occidental se está abriendo a formas de atención no convencionales, conocidas como terapias integradas complementarias (TIC). El objetivo de estas terapias es mejorar el bienestar general del paciente, controlar los síntomas y optimizar su calidad de vida.

¿Qué son las terapias complementarias integradas?

La TCC engloba una amplia gama de prácticas, a menudo derivadas de antiguas tradiciones médicas, que se utilizan junto con la medicina convencional. Entre las más populares se encuentran :

Acupuntura: Originaria de China, la acupuntura consiste en insertar finas agujas en puntos específicos del cuerpo para equilibrar la energía vital y aliviar el dolor u otros síntomas.

Meditación y atención plena: Estas prácticas ayudan a reducir el estrés y la ansiedad y pueden contribuir a un mejor control del dolor.

Quiropráctica: Centrada en la manipulación manual de la columna vertebral, pretende mejorar la función musculoesquelética.

Aromaterapia: utiliza aceites esenciales para promover la relajación y el bienestar y controlar determinados síntomas.

Terapia de masaje: El masaje terapéutico puede ayudar a relajar los músculos, estimular la circulación y promover una sensación general de bienestar.

Integración de las TIC en la medicina interna

El uso de las TIC no pretende sustituir a los tratamientos convencionales, sino complementarlos. Cuando se integran adecuadamente :

Pueden ofrecer un alivio sintomático: por ejemplo, la acupuntura puede reducir las náuseas asociadas a ciertos tratamientos o al dolor crónico.

Promueven un enfoque centrado en el paciente: Las TCC suelen fomentar la autogestión y ofrecen a los pacientes herramientas para participar activamente en su propia curación.

Pueden reducir la dependencia de la medicación: Por ejemplo, la meditación y la terapia de masajes pueden reducir la necesidad de analgésicos en algunos pacientes.

Las terapias integradas complementarias ofrecen una dimensión adicional al tratamiento en medicina interna. Reconocen la importancia de abordar la salud y el bienestar de forma holística, teniendo en cuenta la compleja interacción entre el cuerpo, la mente y el entorno. Sin embargo, su integración debe realizarse con discernimiento, asegurándose siempre de que las TIC elegidas sean adecuadas y seguras para el paciente.

Cuidados de enfermería basada en pruebas.

En el vasto mundo de la medicina, las prácticas evolucionan a un ritmo vertiginoso. Para garantizar la seguridad de los pacientes y proporcionar los mejores cuidados posibles, es esencial que los profesionales sanitarios se basen en métodos probados y contrastados. Aquí es donde entra en juego la enfermería basada en la evidencia.

¿Qué es la atención basada en la evidencia?

La enfermería basada en la evidencia (EBE) se refiere a la integración juiciosa y explícita de la mejor evidencia clínica procedente de la investigación, combinada con la experiencia clínica de la enfermera y los valores y preferencias del paciente.

Los pilares del SIBP

Investigación clínica: Es el elemento fundamental de la SIBP. Los estudios clínicos, las revisiones sistemáticas, los metaanálisis y los ensayos controlados aleatorios proporcionan información valiosa sobre la eficacia de las intervenciones.

Experiencia clínica: Incluso frente a la mejor investigación, la experiencia clínica de la enfermera sigue siendo esencial para interpretar y aplicar estos datos en el contexto específico de un paciente.

Preferencias del paciente: La atención centrada en el paciente reconoce que en muchas situaciones no existe una única respuesta "correcta" y que las preferencias, valores y necesidades del paciente deben guiar el plan de atención.

La importancia de la SIBP

Mejora de la calidad asistencial: el SIBP garantiza que los pacientes reciban una atención basada en la información más actualizada y relevante.

Reducción de la variación innecesaria en la práctica: Al basarnos en pruebas, podemos estandarizar los cuidados para situaciones similares, al tiempo que nos adaptamos a las necesidades individuales.

Promover una cultura de aprendizaje continuo: el SIBP fomenta una actitud de aprendizaje perpetuo, en la que las enfermeras están siempre a la búsqueda de las mejores prácticas.

Aplicación del SIBP

Adoptar una atención basada en la evidencia requiere un compromiso institucional e individual. Esto incluye

Formación: Las enfermeras deben formarse en investigación y en la evaluación crítica de los estudios.

Acceso a los recursos: La disponibilidad de bases de datos, revistas y herramientas de evaluación es crucial.

Una cultura del cuestionamiento: animar a las enfermeras a hacer preguntas, a cuestionar las prácticas establecidas y a buscar activamente mejoras.

En un panorama médico en constante cambio, la enfermería basada en la evidencia es un faro que guía a los profesionales hacia una atención de la mayor calidad posible. Combina el arte de la enfermera, su experiencia clínica, con el rigor de la ciencia, para proporcionar unos cuidados óptimos a cada paciente.

La integración de prácticas alternativas (acupuntura, masajes, aromaterapia).

La medicina interna, que se basa fundamentalmente en métodos científicos probados y contrastados, está sin embargo en constante evolución, buscando siempre lo mejor para el paciente. En este camino hacia una atención óptima, la integración de prácticas alternativas, también conocidas como medicina complementaria, es cada vez más importante. Estos métodos, a menudo ancestrales, ofrecen una visión holística del paciente, teniendo en cuenta tanto el cuerpo como la mente.

¿Qué entendemos por "prácticas alternativas"?
La medicina alternativa o complementaria hace referencia a una serie de técnicas y enfoques terapéuticos que no forman parte integrante de la medicina convencional. Entre

ellas se incluyen la acupuntura, el masaje terapéutico, la aromaterapia, la reflexología y la meditación.

Beneficios potenciales para los pacientes de medicina interna

Reducción del dolor: Técnicas como la acupuntura o el masaje pueden ayudar a aliviar ciertos tipos de dolor, sin necesidad de recurrir sistemáticamente a los analgésicos.

Gestión del estrés y la ansiedad: La meditación, la aromaterapia y el yoga pueden ser herramientas excelentes para ayudar a los pacientes a gestionar el estrés asociado a la enfermedad o a una estancia en el hospital.

Mejora del bienestar general: Al considerar al paciente como un todo, estos enfoques pueden contribuir a una sensación general de bienestar y armonía.

Integración en el entorno hospitalario
La integración de estos métodos en el contexto de la medicina interna requiere un enfoque meditado:

Formación y concienciación: Es vital que el personal reciba formación y conozca estas prácticas para que pueda recomendarlas con total seguridad.

Trabajar con expertos: La participación de especialistas (acupuntores certificados, masajistas terapéuticos, etc.) garantiza un tratamiento seguro y eficaz.

Atención personalizada: Cada paciente es único. Su apertura a las terapias alternativas y sus necesidades variarán, por lo que será necesario un enfoque personalizado.

Precauciones y consideraciones
Aunque estas prácticas ofrecen ventajas innegables, es esencial tener en cuenta :

Comunicación: Es crucial discutir con el paciente las diferentes opciones disponibles, los beneficios esperados, pero también las limitaciones de estos enfoques.

Evitar las interacciones: Ciertos aceites esenciales utilizados en aromaterapia, por ejemplo, pueden interactuar con los tratamientos medicinales. Por ello, es necesaria una evaluación rigurosa.

No sustituir: Estas prácticas complementan la medicina convencional, no la sustituyen. La medicina basada en pruebas sigue siendo el pilar del tratamiento.

En un mundo médico cada vez más abierto a la interdisciplinariedad, la integración de prácticas alternativas en la medicina interna simboliza este deseo de ofrecer una atención integral que respete la individualidad de cada paciente. Al combinar ciencia y tradición, modernidad y ancestralidad, la medicina interna está allanando el camino hacia una atención cada vez más holística.

Capítulo 22

FARMACOLOGÍA EN MEDICINA INTERNA

Medicamentos de uso común.

La medicina interna, como especialidad médica global, se ocupa de la prevención, el diagnóstico y el tratamiento no quirúrgico de diversas enfermedades en adultos. En consecuencia, se utiliza habitualmente una amplia gama de medicamentos para tratar una multitud de afecciones. Aunque una lista exhaustiva sería desalentadora, es posible destacar algunos medicamentos comunes, clasificados por categorías, que suelen encontrarse en medicina interna.

1. Medicamentos cardiovasculares
   Antihipertensivos: Para regular la tensión arterial. Ejemplos: inhibidores de la ECA como el ramipril, betabloqueantes como el propranolol.
   Anticoagulantes: Para prevenir la formación de coágulos sanguíneos. Ejemplos: warfarina, anticoagulantes orales directos como el rivaroxaban.
   Antiarrítmicos: Para regular el ritmo cardiaco. Ejemplo: amiodarona.
2. Medicamentos endocrinológicos
   Antidiabéticos: Para controlar la diabetes. Ejemplos: metformina, inhibidores de la DPP-4 como la sitagliptina.
   Pacientes tiroideos: Como la levotiroxina para pacientes hipotiroideos.
3. Medicamentos para enfermedades gastrointestinales
   Antiácidos: Para tratar el reflujo gastroesofágico y las úlceras. Ejemplo: omeprazol.
   Antidiarreicos: como la loperamida.
4. Medicamentos para enfermedades pulmonares
   Broncodilatadores: Para asmáticos y pacientes con EPOC. Ejemplos: salbutamol, tiotropio.
   Antiinflamatorios: como los corticosteroides inhalados, la budesonida.

5. Medicamentos para la enfermedad renal
Diuréticos: Como la furosemida, que ayuda a eliminar el exceso de líquido del organismo.
6. Medicamentos para afecciones neurológicas
Anticonvulsivos : Para la epilepsia. Ejemplo: carbamazepina.
Fármacos antiparkinsonianos: Como la levodopa.
7. Antiinfecciosos
Antibióticos: como la amoxicilina o la ciprofloxacina.
Antivirales: Como el oseltamivir para la gripe.
8. Medicación para el dolor
Analgésicos: como el paracetamol, el ibuprofeno u opiáceos como la morfina.
9. Medicamentos para afecciones reumatológicas
Antiinflamatorios no esteroideos (AINE): Para tratar la inflamación y el dolor. Ejemplo: diclofenaco.

La medicina interna se caracteriza por la amplia gama de patologías que trata, lo que se refleja en la diversidad de medicamentos que se utilizan habitualmente. Es esencial que las enfermeras y los internistas estén familiarizados con estos medicamentos, sus indicaciones, dosis, posibles interacciones y efectos secundarios, con el fin de garantizar la mejor atención posible al paciente.

Gestión interacciones medicamentosas.

En medicina interna, los pacientes suelen presentar múltiples patologías que requieren un tratamiento polifarmacológico, lo que aumenta el riesgo de interacciones farmacológicas. Una interacción farmacológica se produce cuando el efecto de un fármaco se ve modificado por la presencia de otro fármaco, alimento, bebida o condición ambiental. Estas interacciones pueden ser potencialmente beneficiosas, perjudiciales o neutralizar el efecto del fármaco.

1. Reconocimiento de las interacciones potenciales

Fuentes comunes de interacciones: Algunos fármacos son más propensos a causar interacciones que otros. Algunos ejemplos son los anticoagulantes, los antihipertensivos, los antiepilépticos y algunos antidepresivos.

Herramientas y recursos: El uso de bases de datos electrónicas sobre medicamentos o de aplicaciones específicas puede ayudar a identificar rápidamente las posibles interacciones.

2. Evaluación clínica de las interacciones

Gravedad: No todas las interacciones farmacológicas son clínicamente significativas. Es crucial evaluar si la interacción provocará daños al paciente.

Beneficio frente a riesgo: En algunos casos, a pesar de una interacción conocida, el beneficio de combinar fármacos puede superar los riesgos, siempre que la combinación se controle de cerca.

3. Estrategias de gestión

Ajuste de las dosis: Si dos medicamentos interactúan, puede ser posible ajustar la dosis de uno o de ambos para evitar efectos indeseables.

Cambiar la hora de administración: La administración de fármacos a diferentes horas del día puede a veces minimizar su interacción.

Mayor control: Algunos medicamentos requieren un control regular de los parámetros clínicos o de las pruebas de laboratorio para vigilar los efectos de la interacción.

Educación del paciente: Informar a los pacientes de los posibles signos y síntomas de una interacción farmacológica puede conducir a una detección precoz.

Comunicación interprofesional: La comunicación fluida entre médicos, enfermeras, farmacéuticos y otros profesionales sanitarios es esencial para gestionar y prevenir eficazmente las interacciones entre medicamentos.

4. Prevenir las interacciones

Revisión periódica de los medicamentos: Es vital revisar regularmente la lista de medicamentos del paciente, sobre todo cuando se añade o retira un fármaco.

Consulta farmacéutica: Los farmacéuticos están formados para detectar y gestionar las interacciones entre medicamentos. Su experiencia puede ser inestimable.

La gestión de las interacciones farmacológicas es un aspecto vital de la atención en medicina interna. Debido a la complejidad de los pacientes y sus tratamientos, es esencial un enfoque proactivo, educativo y colaborativo para garantizar una atención segura y eficaz.

Farmacogenética
y la medicina personalizada.

La llegada de la medicina personalizada ha transformado radicalmente la forma de tratar a los pacientes de medicina interna. En el centro de esta revolución se encuentra la farmacogenética, una disciplina que estudia cómo las variaciones genéticas de una persona influyen en su respuesta a los fármacos.

1. ¿Qué es la farmacogenética?

Definición: La farmacogenética se centra en cómo las variaciones genéticas individuales afectan a la respuesta a los fármacos, permitiendo una terapia más específica y precisa.

Genes y medicamentos: Muchos genes pueden influir en la forma en que una persona asimila, utiliza o reacciona a un medicamento específico.

2. ¿Por qué es revolucionario?

Tratamiento individualizado: Gracias a la farmacogenética, los medicamentos pueden adaptarse específicamente a la genética de una persona, lo que ofrece un enfoque terapéutico más preciso y con menos probabilidades de causar efectos adversos.

Reducir los efectos secundarios: Al comprender cómo metaboliza una persona un fármaco, es posible reducir el riesgo de efectos secundarios graves.

Optimización de la dosis: La farmacogenética puede ayudar a determinar la dosis óptima para un individuo, garantizando la eficacia y reduciendo al mismo tiempo el riesgo de sobredosis.

3. Aplicaciones en medicina interna

Enfermedades cardiovasculares: adaptación de los anticoagulantes y las estatinas a los factores genéticos para minimizar los riesgos y maximizar los beneficios.

Trastornos psiquiátricos: Selección de antidepresivos o antipsicóticos en función del perfil genético para mejorar los resultados y reducir los efectos secundarios.

Dolor: tratamiento personalizado del dolor, en particular con opiáceos, para evitar la sobremedicación o la inframedicación.

Enfermedades autoinmunes e inflamatorias: Optimización de inmunosupresores y biológicos según la respuesta esperada en función del perfil genético.

4. Retos y consideraciones éticas

Acceso: Las pruebas genéticas pueden ser caras y no siempre las reembolsan los seguros.

Privacidad: La protección de la información genética y la garantía de que no se utilizará de forma discriminatoria son cruciales.

Comprensión: Garantizar una educación adecuada de los pacientes y los profesionales sanitarios sobre la farmacogenética es esencial para un uso eficaz.

5. El futuro de la farmacogenética en medicina interna

Investigación en curso: A medida que se descubran más y más variaciones genéticas, la aplicación de la farmacogenética seguirá ampliándose.

Integración tecnológica: La combinación de historiales médicos electrónicos avanzados con bases de datos farmacogenéticos puede facilitar la medicina personalizada a gran escala.

La farmacogenética encarna el futuro de la medicina interna, ofreciendo una atención adaptada a la individualidad genética de cada paciente. Aunque siguen existiendo desafíos, los beneficios potenciales para la salud de los pacientes son inmensos, ya que conducen a tratamientos más eficaces y seguros.

Capítulo 23

LA ENFERMERA AFRONTAR SITUACIONES ÉTICAS

Casos de conciencia.

En medicina, sobre todo en medicina interna, los profesionales sanitarios se enfrentan regularmente a dilemas éticos que desafían su conciencia. Estas situaciones, conocidas como casos de conciencia, llegan al corazón mismo de los valores personales, profesionales y sociales.

1. Naturaleza de los casos de conciencia

Los casos de conciencia surgen cuando las decisiones médicas entran en conflicto con principios éticos, morales o jurídicos. Por ejemplo, decidir si continuar o interrumpir el tratamiento de un enfermo terminal, o elegir entre dos pacientes para la asignación de un órgano para trasplante.

2. Algunos ejemplos de dilemas

Ensañamiento terapéutico: ¿Hasta dónde debemos llegar en el tratamiento de un paciente gravemente enfermo? ¿Cuándo una intervención es más perjudicial que beneficiosa?

Consentimiento informado: ¿Cómo obtener un verdadero consentimiento cuando el paciente es incapaz de comprender su situación médica?

Confidencialidad: ¿Qué se debe hacer cuando un paciente adulto pide que no se informe a su familia de un diagnóstico grave, como el cáncer?

Rechazo del tratamiento: ¿Cómo debemos reaccionar cuando los pacientes se niegan a recibir un tratamiento que les salve o les prolongue la vida, en particular debido a sus creencias religiosas?

3. La importancia del diálogo

Ante estos dilemas, el diálogo es esencial. Esto implica debatir con el paciente y su familia, así como en el seno del equipo médico. Este intercambio nos ayuda a comprender mejor las cuestiones en juego y las perspectivas de cada uno, y a intentar encontrar un consenso o, como mínimo, un camino a seguir que sea aceptable para todas las partes implicadas.

4. Comités de ética

Muchos hospitales han creado comités de ética. Estos comités están formados por profesionales sanitarios, abogados, filósofos y, en ocasiones, representantes de los pacientes. Su función es ofrecer asesoramiento y recomendaciones sobre casos de conciencia y dilemas éticos presentados por los profesionales sanitarios.

5. Formación en ética médica

Para preparar a los profesionales sanitarios ante estos dilemas, la formación en ética médica se incorpora cada vez más a los planes de estudios de medicina. El objetivo es dar a médicos y enfermeras las herramientas que necesitan para pensar y actuar de forma ética cuando se enfrentan a los retos de su práctica.

Los casos de conciencia son inherentes a la práctica médica. Aunque cada situación es única, todas ponen en tela de juicio los valores profundos del cuidador, del paciente y de la sociedad en su conjunto. Ante estos dilemas, la escucha, el diálogo y la reflexión ética son esenciales si queremos tomar decisiones informadas que respeten la dignidad humana.

Toma de decisiones éticas.

La toma de decisiones en medicina es un proceso complejo que requiere no sólo conocimientos científicos y clínicos, sino también una reflexión ética. En medicina interna, donde los pacientes presentan a menudo problemas complejos y multisistémicos, la toma de decisiones éticas reviste una importancia capital.

1. ¿Qué es la toma de decisiones éticas?

La toma de decisiones éticas consiste en reflexionar sobre los valores morales que guían nuestras acciones y decisiones. Entra en juego cuando son posibles varias opciones y cada una de ellas tiene diferentes implicaciones éticas.

2. Los cuatro principios de la ética médica

La toma de decisiones éticas en medicina suele basarse en cuatro principios fundamentales:

- **Beneficencia:** actuar en el mejor interés del paciente.
- **No maleficencia:** no perjudicar o evitar perjudicar al paciente.
- **Autonomía:** respetar el derecho de los pacientes a tomar sus propias decisiones sobre su salud.
- **Justicia:** tratar a los pacientes de forma justa y distributiva.

3. Los retos de la toma de decisiones éticas en medicina interna

- **Complejidad clínica:** los pacientes de medicina interna suelen tener problemas médicos complejos, lo que dificulta la toma de decisiones y exige un enfoque global.
- **Diversidad de valores:** los pacientes, familiares y cuidadores pueden tener creencias, valores y expectativas diferentes, lo que puede dar lugar a dilemas éticos.
- **Limitación de recursos:** En un contexto de recursos limitados, ¿cómo podemos garantizar una distribución equitativa de los cuidados?

4. Deliberación ética

Ante un dilema ético, la deliberación es esencial. Esto implica :

- **Recopilación de información:** comprender el contexto médico, social y personal del paciente.

Reflexión: sopese los beneficios y los riesgos de cada opción, teniendo en cuenta los principios éticos.
Diálogo: hablar con el paciente, la familia y el equipo sanitario para compartir perspectivas, comprender los problemas e intentar llegar a un consenso.

5. Comités de ética
Cuando se enfrentan a dilemas éticos complejos, los comités de ética pueden ofrecer una valiosa experiencia. Estos comités multidisciplinares ofrecen asesoramiento, recomendaciones y, en ocasiones, mediación para ayudar a los equipos sanitarios a navegar por las turbias aguas de los dilemas éticos.

La toma de decisiones éticas está en el corazón de la medicina interna. Requiere una reflexión cuidadosa, una comprensión del paciente en su conjunto y la capacidad de navegar entre los principios éticos, las necesidades del paciente y las realidades clínicas y organizativas. El objetivo último es siempre garantizar el bienestar del paciente, respetando al mismo tiempo sus derechos y su dignidad.

Comités hospitalarios de ética.

Navegar por las complejidades de la toma de decisiones médicas requiere a menudo algo más que conocimientos médicos. Aquí es donde entran en juego los comités de ética de los hospitales. Actúan como faros, iluminando el camino a través de aguas a veces turbias, ofreciendo orientación ética allí donde las opciones médicas se encuentran con dilemas morales.

1. ¿Qué es un comité de ética hospitalaria?
El comité de ética de un hospital es un grupo multidisciplinar de profesionales sanitarios, filósofos,

abogados y a veces incluso miembros del público, que se reúnen para debatir y asesorar sobre cuestiones éticas complejas relacionadas con la atención al paciente.

2. El papel de los comités de ética

Consulta ética: Proporcionar recomendaciones sobre casos específicos presentados por el personal sanitario o la dirección.

Educación: Organizar formación para el personal sobre los principios éticos y su aplicación práctica.

Política: Participe en la redacción de directrices y protocolos sobre cuestiones éticas.

Investigación: Garantizar la supervisión ética de los proyectos de investigación clínica llevados a cabo en el hospital.

3. El valor de la deliberación colectiva

Los comités de ética extraen su fuerza de su naturaleza colectiva. Al reunir a personas de distintas disciplinas, ofrecen una pluralidad de perspectivas que permiten un análisis en profundidad de las situaciones éticas.

4. Dilemas comunes

Final de la vida: decisiones relativas a la retirada o continuación del tratamiento.

Consentimiento: situaciones en las que el paciente no puede dar su consentimiento.

Recursos limitados: asignación de recursos en situaciones de escasez.

Conflictos entre los pacientes y el equipo asistencial: desacuerdos sobre los planes de tratamiento.

5. Los retos de los comités de ética

Diversidad de opinión: gestionar y respetar las diferentes perspectivas.

Temporalidad: tomar decisiones en situaciones de emergencia.

Límites de su papel: los comités asesoran, pero no toman decisiones clínicas.

6. El ámbito de actuación de los comités de ética
Aunque su función es consultiva, su impacto es de gran alcance. Los comités de ética contribuyen a reforzar la cultura ética dentro de los hospitales, proporcionando un foro para el diálogo y la reflexión sobre cuestiones a veces delicadas.

En el complejo mundo de la medicina moderna, donde la tecnología, la humanidad y la ética se entrecruzan constantemente, los comités de ética de los hospitales desempeñan un papel esencial. Garantizan que, incluso en las situaciones más difíciles, la brújula moral siga apuntando hacia el interés superior del paciente, respetando al mismo tiempo los principios éticos y la dignidad humana.

Capítulo 24

GESTIÓN DE RIESGOS EN MEDICINA INTERNA

Identificar y prevenir situaciones de riesgo.

En el contexto de la medicina interna, todas las enfermeras se enfrentan a un flujo constante de situaciones diversas. Algunas son rutinarias, otras urgentes, pero todas requieren una vigilancia constante para identificar y prevenir las situaciones de riesgo. Estos momentos críticos pueden repercutir en la salud o incluso en la vida del paciente, pero con la formación y la concienciación adecuadas, pueden anticiparse y evitarse.

1. Reconocer las señales de advertencia
Cualquier enfermera experimentada le dirá que la capacidad de reconocer incluso un cambio sutil en un paciente es esencial. Ya se trate de un cambio en la frecuencia cardiaca, un cambio en el color de la piel o una alteración de la consciencia, estos indicios pueden ser las primeras señales de un deterioro inminente.

2. La importancia de escuchar
Escuchar activamente a los pacientes es crucial. A veces los pacientes pueden expresar malestar o un síntoma que, aunque parezca menor, es en realidad el primer signo de una complicación.

3. Herramientas de evaluación
El uso regular de herramientas de evaluación estandarizadas, como escalas de dolor o puntuaciones de evaluación neurológica, puede ayudar a objetivar y controlar el estado del paciente, permitiendo la detección precoz de situaciones de riesgo.

4. Trabajar en estrecha colaboración con el equipo
Compartir información entre enfermeras, médicos y otros miembros del equipo sanitario es vital. Una información que parece insignificante en un contexto puede resultar

crucial en otro. Las reuniones de equipo y las comunicaciones son el momento ideal para compartir estas observaciones.

5. Formación continua
La medicina evoluciona constantemente. Las enfermeras deben mantenerse al día de las últimas recomendaciones, técnicas y protocolos para anticiparse a los riesgos asociados a los nuevos tratamientos o a las enfermedades emergentes.

6. Simulaciones y ejercicios prácticos
Los simulacros de escenarios de alto riesgo, como una hemorragia o una parada cardiaca, pueden ayudar a preparar al equipo para actuar con rapidez y eficacia en situaciones reales.

7. La importancia del medio ambiente
Un entorno bien organizado, limpio y seguro puede reducir significativamente el riesgo de errores médicos. Esto incluye una gestión adecuada de los medicamentos, una señalización clara de las zonas de riesgo y el suministro de equipos de protección.

8. El enfoque proactivo
En lugar de esperar a que surja un problema, adoptar un enfoque proactivo significa que muchas situaciones de riesgo pueden anticiparse y prevenirse. Esto incluye comprobaciones periódicas de los equipos, la evaluación continua de los pacientes de alto riesgo y la aplicación de protocolos preventivos.

La prevención de situaciones de riesgo en medicina interna es una sutil mezcla de ciencia, instinto y experiencia. Es un reto constante, pero con la formación adecuada, una estrecha colaboración con el equipo asistencial y una vigilancia constante, las enfermeras desempeñan un papel decisivo en la seguridad y el bienestar de los pacientes.

Protocolos de información.

En los hospitales, la notificación de acontecimientos adversos, errores médicos o situaciones potencialmente peligrosas es crucial para garantizar la seguridad del paciente y la calidad de la atención. En medicina interna, donde los pacientes pueden presentar patologías complejas y múltiples comorbilidades, la aplicación de protocolos de notificación eficaces es aún más esencial.

1. Objetivos de los protocolos de información
El objetivo principal de los protocolos de denuncia no es castigar sino identificar, comprender y evitar que se produzcan situaciones similares en el futuro. Permiten :
    Mejorar la calidad de la atención.
    Identifique las zonas de riesgo.
    Promover una cultura de seguridad y transparencia.

2. Tipos de sucesos notificables
Se puede informar de una variedad de eventos:
    Errores de medicación (dosis equivocada, fármaco equivocado).
    Complicaciones posteriores a la intervención.
    Errores de diagnóstico.
    Problemas con el equipo médico.
    Incidentes relacionados con la seguridad del paciente (caídas, fugas).
    Cualquier otro acontecimiento inusual o preocupante.

3. Procedimientos de información
El proceso de notificación debe ser claro y accesible para todos los profesionales sanitarios:
    Utilización de formularios normalizados.
    Posibilidad de denuncia anónima para fomentar la denuncia sin temor a repercusiones.
    Sistemas informatizados para facilitar la recogida y el análisis de datos.

4. Procesamiento de alertas

Una vez realizada la denuncia, debe establecerse un procedimiento claro para tramitarla:

- Análisis del suceso por parte de un equipo especializado (formado normalmente por médicos, enfermeras, farmacéuticos, etc.).
- Evaluación de la gravedad del incidente y de su impacto.
- Medidas correctivas o preventivas propuestas.
- Seguimiento de las recomendaciones y evaluación de su eficacia.

5. Comunicación

La comunicación sobre los sucesos notificados es esencial:

- Informar a los pacientes y a sus familias, de forma totalmente transparente, cuando se produzca un incidente que afecte a su atención.
- Organice sesiones de retroalimentación dentro del equipo sanitario para compartir las lecciones aprendidas de los incidentes.

6. Formación y sensibilización

Las sesiones de formación periódicas sobre la importancia de informar y cómo hacerlo son esenciales para garantizar la eficacia del sistema.

7. Evaluación y actualización

Es fundamental evaluar periódicamente la eficacia de los protocolos de información establecidos y adaptarlos a las necesidades detectadas.

Los protocolos de notificación son una herramienta esencial para garantizar la seguridad de los pacientes en medicina interna. No sólo permiten identificar los errores y ponerles remedio, sino que también contribuyen a crear una cultura de la seguridad en la que todos los profesionales se sientan implicados y responsables.

Revisiones de morbilidad y mortalidad.

En el mundo de la medicina, las revisiones de morbilidad y mortalidad (RMM) son reuniones clínicas destinadas a analizar, de forma colegiada, los casos de pacientes que han sufrido complicaciones o han fallecido, con el objetivo de aprender lecciones y mejorar la calidad de la atención. Estas revisiones son esenciales para la mejora continua de la atención al paciente.

1. Objetivos de la RMM
El principal objetivo de las RMM es convertir los errores médicos, las complicaciones o las muertes en oportunidades de aprendizaje para todo el equipo sanitario. Más concretamente, permiten :
- Identifique las causas de las complicaciones o de la muerte.
- Evaluación de la calidad de la atención médica.
- Identifique los factores que contribuyen a los acontecimientos adversos.
- Proponga y aplique acciones de mejora.

2. Realización de una MMR
El proceso de RMM se estructura generalmente como sigue:
- **Preselección de casos**: Los casos que se van a discutir se eligen generalmente por su gravedad, su carácter inusual o porque presentan una oportunidad de aprendizaje.
- **Presentación del caso**: Un profesional sanitario (a menudo un médico o un cirujano) presenta un resumen detallado del caso, incluidos los antecedentes, el tratamiento administrado, la evolución del paciente y las complicaciones que hayan surgido.

Discusión: El equipo discute aspectos del caso, hace preguntas e identifica áreas de mejora o errores que se hayan podido cometer.

Recomendaciones y plan de acción: Tras el debate, se formulan recomendaciones y se elabora un plan de acción para evitar que se produzcan sucesos similares en el futuro.

3. Un entorno afectuoso y constructivo

El ambiente en las RMM debe ser constructivo. El objetivo no es culpar, sino comprender y aprender. La buena voluntad y la no punibilidad son esenciales para fomentar la participación activa y honesta de todos los miembros.

4. La importancia de la documentación

Es crucial documentar las discusiones y recomendaciones de las RMM para supervisar la aplicación de las acciones de mejora, pero también para mantener un registro de las discusiones por motivos legales o éticos.

5. Difusión de la información

Las lecciones aprendidas de las RMM no deben limitarse a quienes asisten a ellas. Las lecciones deben compartirse en toda la institución, e incluso más allá, para garantizar una mejora continua de la calidad de la atención.

Las revisiones de morbilidad y mortalidad son una herramienta inestimable para los centros sanitarios que deseen adoptar un enfoque proactivo para mejorar la calidad de la atención. Promueven una cultura médica transparente centrada en el aprendizaje colectivo y la mejora continua de la atención al paciente.

Capítulo 25

LA EVOLUCIÓN Y OPORTUNIDADES PROFESIONALES

Especialización en medicina interna.

La medicina interna se describe a menudo como "la medicina del adulto en toda su complejidad". Se ocupa de enfermedades complejas o raras que requieren conocimientos específicos. Pero, ¿qué significa realmente especializarse en medicina interna y por qué es tan importante?

1. Comprender la medicina interna
La medicina interna es una especialidad médica que se centra en el cuidado integral de los adultos. No se limita a una parte del cuerpo o a un tipo de enfermedad, sino que se centra en el diagnóstico, el tratamiento y la prevención de enfermedades en adultos, sobre todo cuando coexisten varias afecciones.

2. Un riguroso proceso de formación
Especializarse en medicina interna requiere una rigurosa formación de posgrado. Tras obtener el título de médico, los futuros internistas suelen someterse a varios años de formación que combinan teoría, práctica clínica, investigación y a veces incluso subespecialización en campos como la reumatología, la endocrinología o la nefrología.

3. El arte del diagnóstico
A menudo se considera a los internistas como "detectives médicos". Gracias a su amplia formación, son capaces de resolver casos médicos complejos o enigmáticos. Especializarse en medicina interna proporciona, por tanto, las herramientas necesarias para realizar diagnósticos precisos, incluso en las situaciones más confusas.

4. Gestión de enfermedades múltiples
Con el aumento de la esperanza de vida, muchos pacientes presentan varias afecciones crónicas al mismo tiempo. Gracias a su formación holística, los internistas están especialmente bien situados para tratar estos casos de enfermedades múltiples.

5. Colaboración multidisciplinar

La compleja naturaleza de la medicina interna hace que los internistas trabajen a menudo en estrecha colaboración con otros especialistas. Esto puede incluir cirujanos, radiólogos, farmacéuticos e incluso especialistas en salud mental.

6. Investigación e innovación

La medicina interna está a la vanguardia de la investigación médica. Muchos internistas participan activamente en la investigación clínica, ayudando a avanzar en el conocimiento médico y a mejorar la atención para todos.

7. Subespecializaciones

Con los años, algunos internistas pueden optar por centrarse aún más en un área concreta de la medicina interna, convirtiéndose en expertos en campos como la inmunología, la cardiología o las enfermedades infecciosas.

Especializarse en Medicina Interna supone un profundo compromiso con la comprensión y el tratamiento de la complejidad médica. Es un camino exigente pero gratificante, con el potencial de cambiar la vida de los pacientes que se enfrentan a retos médicos complejos.

Investigación e innovación.

Desde sus orígenes, la medicina ha sido un campo en constante evolución. Gracias a la investigación y la innovación se han logrado grandes avances que han prolongado la duración y la calidad de vida de millones de personas. En el contexto de la medicina interna, la investigación y la innovación desempeñan un papel vital, configurando el panorama médico y ofreciendo nuevas perspectivas de atención.

1. Una búsqueda incesante del conocimiento

La investigación médica es la base sobre la que se construyen todos los avances de la medicina. Nos proporciona respuestas a preguntas fundamentales, nos permite comprender mejor los mecanismos de las enfermedades y guía el desarrollo de nuevas terapias. En medicina interna, con su amplio espectro de enfermedades, la investigación es omnipresente, desde los estudios epidemiológicos hasta los ensayos clínicos.

2. La era de la medicina personalizada

La innovación tecnológica, especialmente en genómica, ha allanado el camino a la medicina personalizada. Gracias a los avances en la investigación, ahora es posible adaptar los tratamientos al perfil genético de cada paciente. Este enfoque a medida mejora la eficacia de los tratamientos al tiempo que reduce los efectos secundarios.

3. Tecnologías para el diagnóstico

La innovación no es sólo farmacológica. Periódicamente se desarrollan equipos de diagnóstico cada vez más precisos y rápidos, que proporcionan a los internistas herramientas esenciales para realizar diagnósticos precisos. La imagen médica, por ejemplo, ha experimentado importantes revoluciones con técnicas como la resonancia magnética funcional y la tomografía por emisión de positrones (PET).

4. Digitalización de la asistencia sanitaria

La era digital ha traído su ración de innovaciones, como los historiales médicos electrónicos, la telemedicina y las aplicaciones médicas. Estas herramientas facilitan la comunicación, el seguimiento del paciente y el acceso a la información, haciendo que la atención sea más eficaz y adecuada.

5. Colaboración interdisciplinar

Los complejos retos de la medicina moderna requieren un enfoque colaborativo. La innovación suele surgir de la fusión de competencias de distintos campos: biólogos, químicos, informáticos, ingenieros y médicos unen sus fuerzas para diseñar las soluciones del mañana.

6. Los retos éticos de la innovación

Cada avance médico plantea su propio conjunto de cuestiones éticas. Por ello, la investigación y la innovación deben realizarse siempre con cautela, teniendo en cuenta las implicaciones morales y sociales de los descubrimientos.

La investigación y la innovación en medicina interna son más vitales que nunca. Son el motor que impulsa el desarrollo de la asistencia y nos permiten afrontar los retos médicos de hoy y de mañana. Cada descubrimiento, cada innovación, refuerza el arsenal terapéutico de los internistas y abre nuevas perspectivas para los pacientes de todo el mundo.

Formación continua.

En medicina, la única constante es el cambio. A medida que las tecnologías evolucionan, las nuevas investigaciones arrojan nueva luz y las enfermedades cambian, los profesionales sanitarios están llamados a adaptarse. En el centro de esta evolución se encuentra la formación continua, que garantiza que los profesionales se mantengan a la vanguardia de su campo y ofrezcan una atención de la máxima calidad.

1. Responder a un mundo médico cambiante

La medicina no es estática. Entre los avances tecnológicos, los descubrimientos científicos y las nuevas recomendaciones clínicas, la información de hace diez años puede quedar obsoleta o incluso errónea. La formación continua permite a los profesionales mantenerse informados y competentes en su práctica diaria.

2. Reforzar la excelencia clínica

La actualización periódica de los conocimientos clínicos es esencial para garantizar una atención de calidad. Por ejemplo, las nuevas técnicas quirúrgicas o los enfoques terapéuticos innovadores pueden mejorar significativamente los resultados de los pacientes. Familiarizarse con estos avances a través de la formación continua es esencial para cualquier profesional comprometido con la excelencia.

3. Cultivar la multidisciplinariedad

La medicina interna es, por su propia naturaleza, un campo interdisciplinar. La formación continua ofrece a los internistas la oportunidad de aprender sobre especialidades afines, fomentando una mejor comprensión global del paciente y un enfoque holístico de la atención.

4. Adaptarse a la evolución normativa y ética

Más allá de los aspectos puramente clínicos, la medicina se rige por normas reglamentarias y éticas en constante evolución. La formación continua permite a los profesionales sanitarios mantenerse al día de las directrices más recientes, garantizando así que su práctica cumpla las normas y sea ética.

5. Promover la investigación y la innovación

Participar en cursos de formación también puede estimular el interés por la investigación clínica, animando a los profesionales a implicarse en estudios, probar nuevos enfoques o colaborar con expertos de otros campos.

6. Bienestar profesional

Además de las competencias técnicas, la formación continua también puede abarcar aspectos como la gestión del estrés, la comunicación entre el paciente y el cuidador y la conciliación de la vida laboral y familiar. Esta formación es crucial para garantizar el bienestar de los cuidadores y, en última instancia, la calidad de la atención prestada.

La formación continua es mucho más que una obligación profesional. Es un compromiso con la excelencia, una promesa a los pacientes y un reconocimiento del dinamismo intrínseco de la medicina. En medicina interna, un campo vasto y complejo, este compromiso adquiere una importancia particular, garantizando una asistencia moderna, ética y de alta calidad.

Conclusión

EL FUTURO DE LA MEDICINA INTERNA Y EL PAPEL DE LA ENFERMERA.

Por su propia naturaleza, la medicina interna abarca una gran variedad de patologías y situaciones clínicas. En la encrucijada de varias especialidades, está a la vanguardia de los avances médicos, tecnológicos y sociales. Aunque a menudo se considera al internista como el director de orquesta de esta vasta disciplina, la enfermera desempeña el inestimable papel de pilar central, garantizando la fluidez y la eficacia de los cuidados. En vísperas de nuevas revoluciones médicas, ¿cómo está llamada a evolucionar la medicina interna y qué papel desempeñarán las enfermeras?

1. Ante el envejecimiento de la población
Con el aumento de la esperanza de vida, cada vez son más los pacientes ancianos que acuden a medicina interna, a menudo aquejados de varias enfermedades al mismo tiempo. En este contexto, las enfermeras desempeñan un papel crucial en la atención global de estos pacientes, combinando las competencias técnicas con la escucha y la humanidad.

2. El auge de las nuevas tecnologías
La telemedicina, la inteligencia artificial y los dispositivos conectados están revolucionando la forma de prestar asistencia sanitaria. Las enfermeras están en primera línea a la hora de integrar estas herramientas en su práctica, asegurando una transmisión de información de alta calidad y garantizando un uso óptimo en beneficio del paciente.

3. Un enfoque centrado en el paciente
Cada vez más, la medicina se personaliza, teniendo en cuenta no sólo la enfermedad sino también, y sobre todo, al paciente en su totalidad. El enfermero, por su contacto privilegiado y constante con el paciente, se convierte en el garante de este enfoque holístico, cuidando de considerar al individuo antes que a la patología.

4. Cambio de competencias y responsabilidades
La enfermera moderna dista mucho de la imagen estereotipada del pasado. Dotadas de conocimientos

avanzados, están llamadas a colaborar estrechamente con el internista, participando activamente en el establecimiento del diagnóstico, la aplicación del plan de cuidados y la evaluación de los resultados. Esta mayor responsabilidad requiere una formación continua adecuada y en profundidad.

5. Afrontar los retos de la sociedad

Desde las cuestiones éticas hasta los retos que plantean las desigualdades sanitarias, sin olvidar la necesidad de una comunicación transparente y respetuosa, las enfermeras se encuentran a menudo en primera línea. Su papel va mucho más allá de los cuidados técnicos, lo que las convierte en un actor importante en la relación entre paciente y cuidador y en un pilar de confianza entre el hospital y el paciente.

El futuro de la medicina interna se perfila cada día, impulsado por los constantes avances y los retos de una sociedad cambiante. En el centro de esta evolución, las enfermeras no dejan de reforzar su papel, afirmando su lugar esencial dentro del equipo médico. Más que un simple operador, las enfermeras son las garantes de una medicina humana, eficaz y orientada hacia el futuro.

La importancia de la adaptación y actualización continua.

En un mundo tan dinámico y cambiante como el de la sanidad, adaptarse y actualizar las competencias no sólo es recomendable, sino vital. Aunque la vocación primordial de la medicina es tratar, para seguir siendo relevante también debe asumir los cambios tecnológicos, científicos y sociales que la configuran constantemente.

1. Un mundo médico en constante cambio

La medicina es un campo en el que las innovaciones surgen a un ritmo frenético. Surgen nuevas enfermedades, se cuestionan viejos protocolos, se descubren tratamientos revolucionarios y se desarrollan tecnologías de vanguardia. Ante esta dinámica incesante, permanecer estático es quedarse atrás, o incluso quedarse obsoleto.

2. Mejora de la calidad de la atención

La adaptación y actualización continuas permiten a los profesionales sanitarios ofrecer una atención de mayor calidad. Al mantenerse al corriente de los últimos avances, pueden adoptar las mejores prácticas, minimizando los riesgos para los pacientes y maximizando al mismo tiempo las posibilidades de éxito terapéutico.

3. La importancia de la ética médica

Los avances en el conocimiento y la tecnología plantean nuevos dilemas éticos. Por ello, es crucial que los profesionales sanitarios se mantengan al día de los debates y discusiones éticas para poder tomar decisiones informadas que respeten la dignidad y los derechos de los pacientes.

4. Confianza del paciente

Los pacientes están cada vez mejor informados y tienen acceso a una gran cantidad de información a través de Internet. Esperan con razón que su cuidador esté a la vanguardia de los conocimientos. Por lo tanto, la adaptación y actualización continuas son esenciales para mantener la confianza del paciente y reforzar la relación terapéutica.

5. Un reto profesional y personal

Más allá del aspecto puramente médico, la adaptación continua es también una cuestión de desarrollo profesional y personal. Permite a los cuidadores mantener la motivación, el compromiso y la pasión por su trabajo. También les da la oportunidad de desarrollar sus carreras, asumir nuevas responsabilidades y alcanzar todo su potencial.

La adaptación y la actualización continuas no son sólo conceptos de moda en el mundo médico. Reflejan un profundo compromiso con la vocación asistencial. Al adoptar estos principios, los profesionales sanitarios no sólo garantizan la mejor atención posible a sus pacientes, sino que también se garantizan a sí mismos una carrera rica, progresiva y profundamente satisfactoria.

Glosario de términos médicos.

Historia clínica: Recogida y análisis de la información proporcionada por el paciente sobre su historial médico y el de su familia.

Antibiótico: Medicamento utilizado para tratar las infecciones bacterianas.

Benigno: que no pone en peligro la vida. A menudo se opone a "maligno", terminología utilizada con frecuencia para los tumores o cánceres.

Catéter: tubo fino y flexible que se introduce en un vaso sanguíneo o una cavidad corporal para administrar o extraer fluidos.

Descompensación: empeoramiento de una enfermedad crónica.

Etiología: Estudio de las causas de una enfermedad.

Hemorragia: Pérdida anormalmente abundante de sangre.

Inflamación: Reacción del organismo ante una lesión o infección, caracterizada generalmente por enrojecimiento, calor, hinchazón y dolor.

Lesión: Alteración del tejido causada por una enfermedad o un traumatismo.

Metástasis: Propagación de una enfermedad, en particular el cáncer, desde su lugar de origen a otras partes del cuerpo.

Neuropatía: Enfermedad o disfunción de los nervios.

Oncología: Rama de la medicina que estudia y trata el cáncer.

Patología: Estudio de las enfermedades.

Remisión: Reducción o desaparición de los signos y síntomas de una enfermedad.

Síntoma: Manifestación de una enfermedad o trastorno que experimenta un paciente.

Taquicardia: Aceleración de la frecuencia cardiaca.

Úlcera: lesión abierta, a menudo dolorosa, que se forma en la piel o en las mucosas.

Vacuna: Sustancia introducida en el organismo para inducir inmunidad contra una enfermedad específica.

Xeno-: Prefijo que significa "extranjero", como en xenoinjerto (trasplante de órganos de una especie a otra).

Zoonosis: Enfermedad transmisible de los animales al hombre.

Este glosario dista mucho de ser completo, ya que el campo de la medicina es muy amplio y está en constante evolución. Siempre es útil consultar un diccionario médico especializado o a un profesional sanitario para obtener definiciones precisas y actualizadas.

Recursos adicionales
para la formación continua.

La formación continua es esencial para que los profesionales sanitarios se mantengan al día de los últimos avances, métodos y protocolos médicos. He aquí una lista de recursos para ayudar a los profesionales a continuar su formación:

- Asociaciones profesionales y sindicatos :
    - Orden Nacional de Enfermeras.
    - Sociedad de Medicina Interna.
    - Collège National des Généralistes Enseignants.
- Conferencias y talleres :
    - Congresos nacionales e internacionales relacionados con la medicina interna o la especialidad en cuestión.
    - Talleres prácticos para mejorar ciertas habilidades.
- Periódicos y revistas médicas :
    - The Lancet
    - Revista de Medicina de Nueva Inglaterra
    - Revista de Medicina Interna
- Universidades y facultades de medicina :
    - Módulos de formación continua ofrecidos por instituciones académicas.
    - Programas de máster y doctorado para una mayor especialización.
- Cursos en línea :
    - Sitios como Coursera, Udemy y EdX ofrecen cursos especializados en muchos campos de la medicina.
    - MOOCs (Massive Open Online Courses) ofrecidos por instituciones académicas líderes.
- Libros y libros electrónicos :

Publicaciones recientes sobre temas específicos.

Manuales de medicina general y especializada.

Aplicaciones médicas :

Aplicaciones como UpToDate, Medscape y Epocrates ofrecen información actualizada sobre enfermedades, medicamentos y mucho más.

Seminarios en línea :

Seminarios en línea ofrecidos por expertos en temas de actualidad o especializados.

Redes sociales profesionales :

Redes como ResearchGate o LinkedIn le permiten seguir las últimas noticias e investigaciones de la comunidad médica.

Simulaciones y realidad virtual:

Herramientas innovadoras para practicar procedimientos en un entorno virtual.

Centros de capacitación y formación :

Instituciones que ofrecen formación práctica, talleres y simulaciones para perfeccionar las habilidades.

Organismos de certificación :

Organizaciones que ofrecen certificaciones en áreas especializadas, que acreditan el dominio de una materia o habilidad.

Es esencial que los profesionales sanitarios asuman la responsabilidad de su propia formación continua. Esto no sólo mejora sus habilidades y conocimientos, sino que también aumenta la confianza de sus pacientes y la calidad de la atención que prestan.

www.ingramcontent.com/pod-product-compliance
Lightning Source LLC
Chambersburg PA
CBHW072143290526
45794CB00004B/1402